{史宁中/著}

第 3 辑

SHUXUE SIXIANG GAILUN
SHUXUE ZHONG DE YANYI TUILI

数学中的演绎推理

NORTHEAST NORMAL UNIVERSITY PRESS
WWW.NENUP.COM

东北师范大学出版社 长 春

图书在版编目（CIP）数据

数学思想概论. 第3辑，数学中的演绎推理/史宁中著. —2版. —长春：东北师范大学出版社，2015.3
（2025.7重印）
 ISBN 978-7-5681-0373-2

Ⅰ.①数… Ⅱ.①史… Ⅲ.①数学—思想方法—高等学校—教学参考资料 ②数学—演绎推理—高等学校—教学参考资料 Ⅳ.①O1-0.

中国版本图书馆CIP数据核字（2015）第006860号

□责任编辑：杨述春 刘晓军　　□封面设计：宋　超
□责任校对：余　天　　　　　　□责任印制：刘兆辉

东北师范大学出版社出版发行
长春净月经济开发区金宝街118号（邮政编码：130117）
网址：http://www.nenup.com
东北师范大学出版社激光照排中心制版
河北省廊坊市永清县晔盛亚胶印有限公司
河北省廊坊市永清县燃气工业园榕花路3号（065600）
2015年3月第2版　2025年7月第3次印刷
幅面尺寸：170 mm×227 mm　印张：15.75　字数：210千

定价：48.00元

如发现印装质量问题，影响阅读，可直接与承印厂联系调换

目录 CONTENTS

绪论　数学的推理　/1

第一讲　基本推理的基础　/11

§1.1　推理的工具:语言　/12

§1.2　推理的对象:命题　/16

§1.3　命题的基础:定义　/23

§1.4　三个基本原则　/36

第二讲　具有传递关系的推理　/44

§2.1　直言三段论　/45

§2.2　直言三段论的本质　/58

§2.3　传递三段论　/64

第三讲　具有递推关系的推理　/72

§3.1　完全归纳法　/73

§3.2　数学归纳法　/80

§3.3　数学归纳法的变化　/86

第四讲　具有递推关系的运算　/100

§4.1　电子计算机的出现　/102

§4.2　二分法与优选法　/107

§4.3　黄金分割　/113

§4.4　牛顿法　/118

第五讲　现代数学基础：集合论　/125

§5.1　集合的定义　/127

§5.2　集合论公理化体系　/134

§5.3　选择公理　/140

§5.4　无穷的度量与连续统　/151

§5.5　序集、良序集与超限归纳法　/163

第六讲　借助符号表示的推理　/171

§6.1　符号表示的开始　/173

§6.2　布尔的符号运算及其发展　/177

§6.3　自然数公理体系　/188

附录　中国古代的命题、定义和推理　/198

人名索引　/245

绪论　数学的推理

阅读提示

　　抽象和推理是数学的显著特征,与这两个特征关联的思想也就成为数学的核心思想.虽然抽象与推理密不可分,但是,二者对于数学发展的功能和作用各有侧重:通过"抽象"把外部世界引入数学,通过"推理"促进数学本身的发展.

　　人们借助推理,把关系概念应用于对象概念,得到数学基本命题.一般来说,形成推理模式以后有两个好处和一个坏处,好处是便于使用和交流,坏处是限制发展.

　　数学推理模式本质上有两种,即演绎推理与归纳推理.虽然这两种推理相互依存,但就数学结果的获得而言,还是有所区别的.在一般情况下,人们是借助归纳推理"预测"数学结果,借助演绎推理"验证"数学结果.因此,就推理的功能而言,预测结果和推测原因这两种能力依赖的推理形式是归纳推理,而不是演绎推理.虽然数学不是实验科学,也不是经验科学,但是,数学概念的形成依赖于经验,数学推理的过程依赖于思维.

这一辑讨论演绎推理，这是一种形式确定、结果必然的推理．

我们在本书的第一辑和第二辑讨论了数学的抽象，在这一辑和第四辑将讨论数学的推理．很显然，抽象和推理都是数学的显著特征，人们一谈起数学首先想到的就是这两个特征．所以，与这两个特征关联的思想也就成为了数学的基本思想．人们通过抽象，从日常生活和生产实践中得到数学所要研究的基本概念和法则；人们通过推理，在基本概念和法则的基础上得到数学的公式和命题．简而言之，人们通过"抽象"把外部世界引入数学，通过"推理"促进数学本身的发展．当然，我们不可能把这两个功能截然分开，因为抽象必然要借助推理的方法，而推理又必然要借助抽象的思维．

▶ 清晰地把握数学抽象的功能和本质，对理解数学和数学教育至关重要．

回忆第二辑最后一讲的讨论，人们通过抽象得到的数学的基本概念包括对象概念和关系概念．**对象概念**是指：数学所要研究的那些东西，比如自然数、实数、点、线、面等等；**关系概念**是指：表示对象之间关系的逻辑术语，这些术语具有因果、转折、递进、对比、补充、选择等功能，比如存在、相等、属于、介于、所以等等．于是，我们可以得到数学流程的最基本形态：**借助推理把关系概念应用于对象概念，得到数学基本命题**．

▶ 数学基本命题就是刻画数学的对象概念的基本属性，以及对象概念之间的关系．

推理是一种思维过程，在现代社会，我们谈及的

绪论 数学的推理

思维过程往往都是很复杂的,让人望而生畏.即便如此,我们仍然希望把数学推理的思维过程条理化,我想,这种条理化对大学生和年轻的数学教师更好地理解数学的本质是有益处的,特别是对工作在基础教育第一线的数学教师是有益处的.关于思维过程,或者说,关于推理过程的有关问题,我们先回顾一下笛卡儿[①](R. Descartes,1596～1650)的建议,他在《探求真理的指导原则》的第六个原则中说[②]:

要从错综复杂的事物中区别出最简单事物,然后进行有秩序的研究.这就要求我们在那些已经通过演绎得到真理的推理过程中,观察哪一个事物是最简单项,以及观察这个项与其他项之间关系的远近,或者相等.

笛卡儿非常推崇这个原则,认为这个原则是他这篇论文中最有用的,是揭示科学奥秘的基本方法[③].事实上,笛卡儿提倡的方法的实质就是,把要进行推理的事物排成一个系列,然后找出系列中的最简单项进行逐项判断.

◀这种思维方式具有普适性.

---

① 笛卡儿(Rene Descartes,1596～1650),1596年3月31日生于法国都兰城.笛卡儿是伟大的哲学家、物理学家、数学家、生理学家,解析几何的创始人.笛卡儿不仅在哲学领域里开辟了一条新的道路,同时笛卡儿又是一位勇于探索的科学家,特别是创立了解析几何,从而打开了近代数学的大门,在科学史上具有划时代的意义,被誉为"近代科学的始祖".黑格尔称他为"现代哲学之父".
② 参见:[法]笛卡儿著.探求真理的指导原则.管振湖译.北京:商务印书馆,2005:27.
③ 参见:[法]笛卡儿著.探求真理的指导原则.管振湖译.北京:商务印书馆,2005:31～32.

对数学而言,笛卡儿所说的系列就是由条件出发最后得到结论的证明过程.在大多数的情况下,这个证明过程是由一些基本推理首尾连接而形成的.所谓基本推理是指由一个命题或者几个命题出发,得到另一个命题的思维路径,其中所谓的命题是指一种可以肯定或者否定的语句.这样,我们就可以把基本推理理解为:由一个或者几个"是非判断"到另一个"是非判断"的思维路径.其中,基本推理就是数学证明过程中的基本元素,这个基本元素可能就是笛卡儿所说的最简单项.我们用下面的图1-1描述一个证明过程,可以看到,证明过程往往不是线性的,而是多元的.

> 在论证过程中找出关键点和关键点之间的关联.

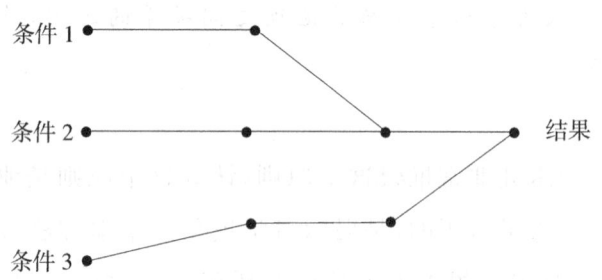

图1-1 从条件到结果的证明过程是
由若干个基本推理组成的

因此,为了保证整个证明过程的正确性,首先必须保证基本推理的正确性,也就是通常所说的,我们必须保证基本推理符合逻辑①,因为**逻辑学**是一门关于区分正确推理与不正确推理的原理和方法的学问②.可以设想,被现代人们广泛认同的逻辑准则,最初只是一些符合常理的推理方法,经过日常生活和生产实践的长期检验,通过归纳整理逐渐形成了准则.因此,我们在这一辑中所述说的基本推理大多数是一些已经成型了的、符合逻辑准则的推理模式.在科学技术如此发达的今天,要创造出新的、被人们广泛认可的思维模式是一件非常困难的事情.

一般来说,形成推理模式以后有两个好处和一个坏处.**两个好处**是:便于使用和便于交流.所谓便于使用,是因为形成模式的东西是经过检验的,使用时不必重新考虑推理的合理性;所谓便于交流,是因为一个思维过程一旦形成模式就规范了,甚至可以形成专门的术语和符号,这便于述说和理解.**一个坏处**是:限制发展.一个东西一旦形成模式就难以突破,在一般情况下,人们还是习惯于因循守旧,不到不得不作为的程度,人们是不会轻易打破传统的,因为传统凝聚了祖先对生存环境的适应,就像我们在第二辑最后一讲叙述的那样.

◀ 这里所说的交流主要是指数学.为了数学的需要往往要把知识系统化,使得知识能够有条理地、规范地呈现.

---

① 逻辑这个词源于希腊语 λoγo,拉丁语称谓 logic,有多种含义,如语言、命运、智慧、尺度、原则、规则、必然性等.古希腊哲学家赫拉克利特(Herakleitos,约前530~前470)最早使用了这个词,意指贯穿变化过程中的必然性.亚里士多德用这个词表示事物的本质,并把这个词应用于推理过程.他的一系列著作,如《工具论》《逻辑学》等,是逻辑学研究的发端.在现代西方语言中,各门科学中"学"字的词尾常用-logy,也是源于这个词.

② 参见:[美]柯匹,[美]科恩著.逻辑学导论·第11版.张建军,潘天群,等译.北京:中国人民大学出版社,2007:5.

> 这里所说的是推理模式而不是思维模式.

对于数学,本质上有两种推理模式,一种是演绎推理,一种是归纳推理.事实上,这两种推理模式不仅仅在数学、在自然科学,甚至在社会科学以及人们的日常生活中都是最基本的,正如爱因斯坦[①](A. Einstein,1879~1955)曾经说过的[②]:

西方科学的发展是以两个伟大成就为基础,那就是:希腊哲学家发明的形式逻辑体系(在欧几里得几何学中),以及通过系统的实验发现有可能找出因果关系(在文艺复兴时期).在我看来,中国的贤哲没有走上这两步,那是用不着惊奇的.令人惊奇的倒是这些发现(在中国)全都做出来了.

爱因斯坦所说的两个伟大成就,前者指的是演绎推理,后者指的是归纳推理.从上文中可以看到,爱因斯坦对于中国的了解是不够的,从另一个角度也说明了,中国的学者们没有很好地归纳整理古代贤者们的思想脉络,使得西方的学者们不能很好地把握.我确信,中国古代如此灿烂的文化是不可能离开推理的,当然,中国古代的推理模式很可能与上面说的两种推理模式有所不同,**我们将在这一辑的附录中详细地讨**

> 中国古代常用分类判断的方法,详见附录的讨论.

---

① 爱因斯坦(Albert Einstein,1879~1955),举世闻名的德裔美国科学家,现代物理学的开创者和奠基人.

② 这是爱因斯坦在1953年写给朋友的信中所说的话语,李约瑟(Joseph Needham)在1961年发表的论文中全文引用了这封信.参见:爱因斯坦文集·Ⅰ.许良英,范岱年编译.北京:商务印书馆,1976:574.

论这个问题.关于爱因斯坦说的那两个伟大成就,美籍华人科学家杨振宁[1]说得更为明确,他在《我的生平》中说[2]:

我很有幸能够在两个具有不同文化背景的国度里学习和工作,我在中国学到了演绎能力,我在美国学到了归纳能力.

这里的演绎能力和归纳能力分别是指使用演绎推理的能力和使用归纳推理的能力.

现在,简单分析上述两种推理模式在数学推理中的功能.回忆我们在第二辑最后一讲的总结:人们往往是通过直观来预测数学的结果,然后通过证明来验证数学的结果.其中直观借助的推理模式主要是归纳推理,证明借助的推理模式主要是演绎推理,这样,就可以用非常直白的语言来述说数学结果的推理的过程:**从条件出发,借助归纳推理"预测"数学结果,借助演绎推理"验证"数学结果**,当然在验证的过程中需要适当地调整"给定的条件"和"预测的结果".我再次强调,上面的述说是针对一般情况而言的,我们不能排除有特殊情况的出现.

---

[1] 杨振宁(1922~   ),美籍华裔物理学家,1922年10月1日生于安徽合肥,美国科学院院士、英国皇家学会会员、中国科学院外籍院士.1956年,杨振宁和李政道共同的论文,推翻了物理学的中心信息之一——宇称守恒基本粒子和它们的镜象的表现是完全相同的,由此,两人获得了1957年的诺贝尔物理奖.美国物理学家、诺贝尔奖获得者赛格瑞(E. Segre)推崇杨振宁是"全世界几十年来可以算为全才的三个理论物理学家之一".

[2] 参见:杨振宁的《我的生平》,东北师范大学60周年校庆学术报告,2006年.

因此，这两种推理模式都是非常重要的，都应当在数学教育中得到充分的重视．但是，在我们现行的数学教学中，需要论证的结果往往都是书本或者教师事先给定的，并且是一丝不差地给定的[①]，因此，学生们的工作只是借助演绎推理来验证这些事先给定结果的正确性．可以看到，这样的数学教学是不全面的，这样的数学教育没有培养学生通过条件预测结果的能力，也没有培养学生根据结果推测原因的能力，而"预测结果"的能力和"推测原因"的能力恰恰是创新能力的基础，是不能忽视的．为此，我们必须有意识地设计一些数学的教学过程，有意识地培养学生的这两种能力．从本质上说，预测结果和推测原因这两种能力所依赖的思维方法是归纳推理，而不是演绎推理．

> 这种设计思想是"学科为本"课程设计思想的核心．

> 这种能力的培养往往表现在过程中，因而给教学设计和评价都带来了困难．

我们在这一辑讨论演绎推理，在下一辑讨论归纳推理．虽然从逻辑层面上看，似乎应当先讨论发现结果所需要的归纳推理，然后再讨论论证结果所需要的演绎推理，但是，作为一种推理形式，更便于表述的是演绎推理．我想，这也是为什么演绎推理的模式要比归纳推理的模式更早地被总结出来的原因．对于这两种推理模式，我们都将先讨论具体的推理方法，在对具体的方法有所了解的基础上，再回过头来分析推理

> 把思维方法本身思考清楚是非常重要的，这也是数学教育的难点．

[①] 在数学教学中，教师往往会对学生说，在证明过程中，如果事先给定的条件没有用就证明了结果，那么证明肯定是不正确的，或者是不严格的，这就说明给定的条件与结果之间是一丝不差的．

绪论　数学的推理

过程中涉及的重要概念以及这些概念的内涵与外延. 也就是说,我们先建立推理方法的直观基础,然后再尝试地分析推理方法本身的合理性.

我们不准备讨论推理方法中的哲学问题,比如命题判断的标准是如何存在的以及命题判断的路径是不是先验的等等诸如此类的问题,因为这些问题与我们曾经用很大的篇幅讨论过的"抽象了的东西是如何存在的"这个命题是相似的,我们在其中可以找到问题的答案. 数学不是实验科学,也不是经验科学,但是,数学概念的形成依赖于经验,数学推理的过程依赖于思维. 虽然思维本身是无形的,但是,正如恩格斯[1](F. Engels,1820~1895)在《自然辩证法》中所谈到的[2]:

我们的主观的思维和客观的世界服从于同样的规律,因而两者在自己的结果中不能相互矛盾,而必须彼此一致,这个事实绝对地统治着我们的整个理论思维,它是我们的理论思维的不自觉的和无条件的前提.

我们生活在地球上,我们是"这个"世界的产物,因此,正确的思维就是指那些能够合同于"这个"世界

---

[1] 弗里德里希·恩格斯(Friedrich Engels,1820.11.28~1895.8.5),德国社会主义理论家及作家,马克思主义的创始人之一,马克思的亲密战友,国际无产阶级运动的领袖.

[2] 参见:马克思恩格斯全集:第二十卷. 中共中央马克思,恩格斯,列宁,斯大林著作编译局译. 北京:人民出版社,1971:610.

> 从本质上看，人的思维过程应当是自然规律的模拟，当然，这个模拟在最初可能是不自觉的．

的思维，能够合同于"这个"世界已经存在了的规律的思维．因此，这本书的目的就是分析：在数学的论证过程中，分析问题的思维应当如何合同于"这个"世界已经存在了的规律，就像恩格斯所说的那样，不要使思维过程与客观规律矛盾．

为了讨论问题的方便，我们初步定义数学中的**演绎推理**为：按照某些规定了的法则所进行的、前提与结论之间有必然联系的推理．因为数学的结论大体上可以分为命题结论和运算结论，那么针对数学的演绎推理而言，大体就可以分成两个部分：**命题推理和运算推理**．

第一讲　基本推理的基础

阅读提示

　　基本推理是指数学论证过程的每一个关节点,其中,语言是推理的工具,命题是推理的对象,定义是命题的基础.

　　语言是信息传递的有效工具.如果不涉及论证过程,数学上的语句通常以命题的形式出现,命题是一种可以判断是非的语句.数学命题的核心是叙述研究对象之间的关系,即把关系概念应用于对象概念.数学命题可以以正命题或者否命题两种形式存在,因此,就判断而言,对数学中的命题只存在正正、正否、否正、否否四种可能的结果.

　　为了数学推理的确定性,数学命题中的所指项必须定义明确,这是进行命题判断的前提.因此,数学命题中的所指项必须是元素或者是集合,但命题中的命题项可以是集合也可以是类.我们通常使用的数学定义大致分为两种,一种是名义定义,一种是实质定义.

　　从先哲的论述中我们能够清楚地知道:定义的功能是为了明确讨论问题的对象,命题的功能是为了表述所讨论问题的实质,论证的功能是分析条件和结果之间的关系.

在数学推理中,需要把握同一律、矛盾律和排中律这三个基本原则.三段论是形式逻辑的核心,小前提被大前提包含是三段论的核心.对于数学的推理而言,全称肯定、全称否定、特称否定这三种形式的直言三段论是有效的,也是经常被使用的.

处理好一般与具体之间、抽象与实体之间的关系,应当是数学教育的基本法则之一.

我们已经说过,一个数学论证过程是由一系列基本推理构成的,因此,讨论基本推理是分析数学论证过程的基础.我们先讨论基本推理中涉及的基本概念,我想,这些基本概念应当包括语言、命题和定义.其中语言是推理的工具,命题是推理的对象,定义是命题的基础.

§1.1　推理的工具:语言

语言是信息传递的有效工具.我们可以设想,在许多动物那里也有语言的雏形,许多动物能够发出不同的声调来表示愤怒、紧张、高兴、悲伤,甚至他们还能够向同伴传递食物、水源、平安、危险这样的信息.当然,这些信息的传递还不能构成真正意义上的语言,因为对于上面所说的信息表达只需要简单的声音符号就可以了,而我们通常所说的语言所表达的是关于事物(事件和实物)的信息,是必须由若干个声音符号组合而成的复杂的声音符号.

我曾经问过学习语言的学生一个问题:你能推断远古的人类什么时候会说话的吗?你如何来说明你的推断?后来,我发现我提出的是一个非常难以定论的问题,因为至今为止,考古学的任何发现都无法直接证实"话语"的存在.但是,对于这个问题我们仍然可以通过逻辑推理给出一个回答.我想,人类至少在旧石器时代的晚期或者新石器时代的早期就会说话了,距今三万五千年.这样推断的理由是,复杂信息的传递必须经过语言,新石器时代的一个重要标志就是生产工具,即石器的相对规范化,规范化需要传递复杂信息,不借助语言这个载体是不可能实现的,所以,至少在新石器时代到来之时语言就已经形成了.

◀ 语言对于人类进化的作用,对于人类思维发展的作用,怎么评价几乎都不过分.人类的抽象能力的发展是与语言的使用密切相关的.

在近代,许多哲学、人类学的学者,尝试地通过语言的结构来分析民族的起源,我想,这是有道理的.比如,有些学者认为,在西起土耳其、途经蒙古大草原、东至朝鲜半岛和日本这片广阔地域上生活的民族很可能是起源于远古时代的一个或者相临的几个部落,因为在这些民族的语言中都把动词放在名词的后面[①].

[①] 东北师范大学历史文化学院教授、研究古巴比伦的专家吴宇虹支持这种看法.

20世纪30年代的锡兰①哲学家贝克②(L. Beck,? ～1931)在他的名著《东方哲学简史》中说:"大部分学者认为,大约在公元前六千多年以前,在帕米尔高原以北生活着被称为'赛卡'的游牧部落.后来因为生活所迫,这个部落分为两支,一支西进到达了欧洲,一支南下到达了印度."贝克所述说的理由是与语言有关的③:

> 在印欧哲学家的思想之间仍然能找到同宗同族的痕迹,希腊哲学家的思想和印度雅利安之间就是如此.他们早期的神话是很相似的.语言方面也存在很多的一致成分,如系词,在梵文中是 asti,希腊文中是 esti,拉丁语中是 est,英语中则为 is.他们的语言中都有关系副词、冠词、定冠词和不定冠词.对比过希伯来语、汉语、日语等毫不相干的语言的人,应当明白这些共性意味着什么.

▶ 语言的特性是与生活习惯有关的.比如中国自古重视家庭关系,因此描述家庭成员的称谓丰富.欧洲自古游牧,因此描述动物的称谓丰富.

当然,贝克还分析了其他一些语言上的共同之处,最后阐述了他的结论:

> 语言和思维习惯构成了思想的框架,与动物的骨骼框架一样,能够证明物种.

---

① 即现在的斯里兰卡.
② 贝克(L. Adams Beck,? ～1931),哲学家,以著作《东方哲学简史》而闻名于世.
③ 参见:[锡兰]贝克著.东方哲学简史[M].赵增越译.北京:中国友谊出版公司,2006:3～4.

第一讲 基本推理的基础

　　语言是传递信息的工具,这就要涉及信息的发布者和信息的接受者,发布者往往都是个体的,而接受者往往都是群体的.发布信息需要思维,接受信息也需要思维.如果信息发布的不确切,那么,根据接受者思维的不同,信息传递的结果也可能不同.我们知道,在这个世界上有许多事情,往往会因为对于语言理解的不同(可能涉及性格、修养以及语言背后的文化)使人很难相互理解,包括人与人之间的,群体与群体之间的甚至包括国家与国家之间的.但是,数学是一门科学,是不能因人而异的,无论是定义、命题的阐述,还是公理、论证的述说,都是不应当让接受者产生歧义的.在一般情况下,一个数学结论、一个推理模式确立之后,就可以超出语言的限制,就像我们在前两辑书中讨论的那样,欧几里得①的几何已经远远超出了希腊语的限制,并且没有因为语言的原因使人们产生理解上的不同.因此,这就要求在数学的阐述中,语句的表达必须非常简捷、准确,甚至可以符号化.

　　所谓语句是指:表达一个完整思想的语言单位. **如果不涉及论证过程,数学中的语句通常以命题的形式出现.** 所谓命题是指:或者可以通过分析,或者可以通过经验证实的语句②.也就是说,命题是一种可以进

◀ 数学的命题在本质上述说的是一个供人们判断的语句.

---

① 欧几里得(Euclid of Alexandria,约前330~约前275),是古希腊最享有盛名的数学家,以其所著的《几何原本》(简称《原本》)闻名于世.他将公元前7世纪以来希腊几何积累起来的丰富成果整理成一个严密的逻辑系统,使几何学成为一门独立的、演绎的科学.
② 参见:[英]艾耶尔著.语言、真理与逻辑[M].尹大贻译.上海:上海译文出版社,2006.

行是非判断的语句.

§1.2 推理的对象:命题

数学命题的核心是叙述研究对象之间的关系,即把关系概念应用于对象概念. 为了今后讨论问题的方便,我们先给出一些符号来表示关系,主要是"属于"关系,如果反过来说,就是"包含"关系. 我们用大写字母 A,B,C 表示**集合**,用小写字母 x,y,z 表示集合中的**元素**. 如果 x **属于**集合 A,则表示为 $x\in A$. 进一步,用 A^C 表示不属于集合 A 的所有元素构成的集合,这样符号 $x\in A^C$ 就表示 x 不属于集合 A,通常称 A^C 为集合 A 的**补集**. 进一步,我们用大写希腊字母 Ω、Γ 等表示**类**,这是一个比集合更为广义的范畴,在类中包含的可以是元素,也可以是集合. 如果元素 x 或者集合 A 属于类 Ω,我们称 Ω 包含 x 或者 A,表示为 $x\in\Omega$ 或者 $A\subseteq\Omega$. 可以看到,符号 $\in$ 表示元素与集合或者元素与类之间的关系;符号 $\subseteq$ 表示集合与集合或者集合与类之间的关系. 但这种表示不是本质的,因为在数学的推理过程中,也可以把一个元素看做集合,因此这种表示只是一种习惯而已.

在这里,我们特别强调,包含关系 $A\subseteq\Omega$ 可以细分两种情况:

> 我们在第五讲将给出集合的详细表述. 在这里可以看到,符号化对于逻辑表述的重要性.

真包含关系：如果元素 $x\in A$ 必然有 $x\in\Omega$；并且，至少存在一个元素 $y\in\Omega$，使得 $y\in A^C$；

等价关系：如果元素 $x\in A$ 必然有 $x\in\Omega$；反之，如果元素 $x\in\Omega$ 必然有 $x\in A$.

(1.1)

为了讨论问题的方便，有时候我们用 $A\subseteq B$ 表示集合之间的真包含关系，用 $A\equiv B$ 表示集合之间的等价关系. 关于等价关系，也可以认为：如果 $A\subseteq B$ 并且 $B\subseteq A$，那么 $A\equiv B$. 根据这个原理，可以得到关于补集的一个重要性质[①]：$(A^C)^C=A$.

有了这些符号，我们就可以讨论命题了. 在一般意义的意义上，**命题是一种能够进行肯定或者否定判断的语句**. 比如

今天要下雨.
在近阶段股票保持稳定.
明天他的报告将很精彩.
中华民族发源于黄河流域.

都可以构成命题，虽然其中有些语句是模糊的，甚至是很难判断的. 那些很难判断的语句，在我们的日常生活中使用是可以的，但在数学的推理过程中就不合适了，我们已经说过，在数学推理过程中的命题必须是简捷准确、不能引发歧义的语句. 因此我想，在数学

◀ *数学的精确性要求数学命题的准确性.*

---

① 详细的讨论参见第五讲第二节"集合论公理化体系".

基本推理中的命题大概只有两种形式,一种命题的形式是:

$$数是可以比较大小的. \qquad (1.2)$$

我们称这种形式的命题为**正命题**. 另一种命题的形式是:

$$这个三角形不是直角三角形. \qquad (1.3)$$

我们称这种形式的命题为**否命题**. 因为对于每种命题都存在两种可能判断,即"肯定"判断或者"否定"判断,因此,**对数学中的命题只存在四种可能结果**:正正、正否、否正、否否,其中前面的"正"或者"否"表示判断的结果,后面的"正"或者"否"表示命题本身的属性.

所谓"判断"是指通过经验直觉[①]或者推理分析得到肯定或者否定结论的思维形态. 关于如何进行数学的判断,我们将在以后几讲中详细讨论.

下面我们分析数学命题的构成. 由(1.2)和(1.3)可以看到,每一个数学命题都被"是"或者"不是"这样

[①] 许多学者认为,有一种判断是直接通过感觉知觉得到的,还有一种判断不是直接通过感觉知觉得到的,参见:金岳霖主编.形式逻辑[M].北京:人民出版社,2005(1979年版):68. 我想,对于数学判断而言,这种解释很可能是不确切的,一方面,单纯的观察不能称其为判断;另一方面,人们在进行判断的时候必然要把感觉了的东西与过去的经验进行比较.因此,我们在这里用经验直觉可能更为确切.

的**系词**分为两个部分,为了讨论问题方便,我们称这样的语句为系词结构①,称命题的前半部分为所指项,后半部分为命题项,这相当于汉语语法中的主词和谓词.为了数学推理的确定性,我们规定:**数学命题中的所指项必须定义明确**.这也意味着,所指相的述说必须可以表示为一个元素或者一个集合,我们用 A 来表示这个元素或者集合,比如在(1.2)式中 A 表示"数"的集合,在(1.3)中 A 表示"这个三角形"的元素.而命题中的命题项就可以比较复杂了,可以是比较模糊的概念,也可以是一些性质,我们用大写字母 P 表示,比如(1.2)式中 P 表示"可以比较大小"这个比较模糊的性质,在(1.3)式中 P 表示"直角三角形"这个明确定义了的集合.进一步,我们用符号 $\to$ 表示"是",用符号 $\sim$ 表示"不是".这样,对于命题就可以得到下面的表达:

◀ 这个定义是非常严格的,这个定义也保证了数学的精确性.

$A \to P$ 表示正命题,即 A 中的元素都具有性质 P;

$A \sim P$ 表示否命题,即 A 中的元素都不具有性质 P.

(1.4)

因为命题项比较复杂,我们用 Ω 来表示 P 的述说所构成的类.这样,从集合包含的角度分析,可以对命题进行下面的表达:

◀ 可以建立述说与集合或者类之间的关系,而建立这个关系需要归纳,也需要抽象.

---

① 在本书的附录中,我们详细地讨论了系词在汉语系统中是如何演变的.数学命题也可以不用系词"是",比如命题"数是可以比较大小的"可以省略为"数可以比较大小",但在本质上这样的语句还属于系词结构.

$A \subseteq \Omega$ 表示正命题，即 A 中的元素都属于 Ω；

$A \subseteq \Omega^C$ 表示否命题，即 A 中的元素都不属于 Ω.

(1.5)

所以，数学命题就可以归结为"属于"关系，或者"包含"关系. 须要注意的是，按照我们的规定，**数学命题中的所指项必须是元素或者是集合，命题项可以是集合也可以是类**.

我们曾经在第二辑第 7.3 节讨论了哥德尔[①]那个划时代的定理，因为这个定理使得希尔伯特[②]希望"证明公理体系完备性"这个构想陷入僵局. 在讨论的过程中，我们曾经断定有一个命题不能成为数学命题，现在分析这个命题为什么不能成为数学命题. 哥德尔利用被称为哥德尔数的那些算术术语[③]，构造了一个语句 G，这个语句指派的哥德尔数是 n，而这个语句 G 是：n 在这个系统中是不可证的. 也就是说，所指项 G

[①] 哥德尔(Kurt Gödel,1906~1978)，美籍奥地利数学家、逻辑学家. 他于 1931 年提出的两个不完全定理被誉为数理逻辑中最杰出的工作，对数学的发展产生了重大影响.

[②] 希尔伯特(David Hilbert,1862 年 1 月 23 日~1943 年 2 月 14 日)，德国数学家，19 世纪和 20 世纪初最具影响力的数学家之一. 希尔伯特和他的学生为形成量子力学和广义相对论的数学基础作出了重要的贡献. 他还是证明论、数理逻辑、区分数学与元数学之差别的奠基人之一. 他热忱地支持康托的集合论与无限数. 1900 年，在巴黎举行的第 2 届国际数学家大会上，希尔伯特作了题为"数学问题"的著名讲演，提出了新世纪所面临的 23 个问题. 对这些问题的研究，有力地推动了 20 世纪数学各个分支的发展.

[③] 参见：[美]格勃尔主编. 哲学逻辑[M]. 张清宇，陈慕泽，等译. 北京：中国人民大学出版社，2008：90.

对应的语句是:我是不可证明的.现在,需要对这个语句进行判断.从前后逻辑考虑,针对这个语句,下面两个命题之一成立:

命题 1:G 是真的,但在这个系统中不可证.
命题 2:G 是假的,但在这个系统中可以证.

$$\tag{1.6}$$

我们在那一节的讨论中曾经说过,其中的命题 2 是不成立的,这样,只能是命题 1 成立,而命题 1 恰恰就是哥德尔希望得到的结论.那么,为什么命题 2 不能成为数学命题呢?

我们首先注意,如果用 A 和 B 表示两个集合,那么,在两个集合的包含关系与两个集合补集的包含之间存在下面的关系:

如果 $A \subseteq B$,则必然有 $B^c \subseteq A^c$. $\tag{1.7}$

这个结果是容易证明的,因为从条件知道,不属于集合 B 的必然不属于集合 A,这样就直接得到了结论.这个结论的直观解释可以参见图 1-2.

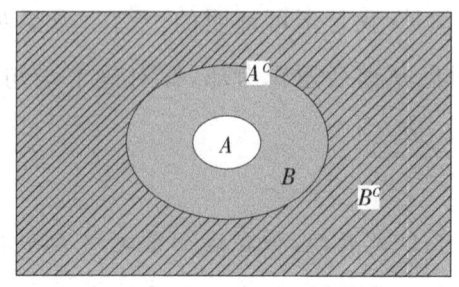

图 1-2 集合的包含与补集合的包含,灰颜色为 A^C 的区域,斜线为 B^C 的区域

下面我们来分析哥德尔的命题.在(1.6)式中,我们用 Ω 表示命题项"在这个系统中可证"的那些东西所组成的类,即表示命题中的命题项.那么,命题 2 应当表示为 $G^C \subseteq \Omega$,然后再由(1.7)可以得到 $\Omega^C \subseteq G$,这与命题表达式(1.5)中的第二式是相反的,这就说明了命题 2 不能构成数学命题.由此可以知道,在数学的论证过程中以及在数学的教学过程中,**必须清楚怎样的语句才可能构成数学命题**,其中(1.5)式是一个供我们参考的简捷模式.很显然,(1.6)式中的命题 1 是可以构成数学命题的,因为可以表示为 $G \subseteq \Omega^C$,这恰为(1.5)中的第二式.

▶ 经验告诉我们,要判断一个命题是否能成为数学命题本身就是困难的.

对于一个数学命题,我们曾经谈道:所指项必须是定义非常明确的一个元素或者一个集合,因此,定义是非常重要的.我们甚至可以对哥德尔提出的命题进一步提出质疑,命题 1 中的所指项"n 在这个系统中是不可证的"或者"我是不可证明的"中的所指项能够算是定义明确吗?下面,我们来讨论数学定义的构成.

§1.3　命题的基础:定义

我们先考虑一个日常生活中的问题. 某人 x 祖籍江苏, 出生在河北, 五岁以后回到江苏并一直生活在江苏. 那么, x 应当是什么地方人呢？如果认为黄河以北为北方、黄河以南为南方, 考虑下面的命题：

x 是北方人.

可以看到, 即便我们在地理上定义了北方和南方, 仍然会对 x 的所属产生分歧: 河北人可能会认为 x 是北方人, 因为他是在河北出生的; 而江苏人可能会认为 x 不是北方人, 因为他的祖籍在江苏并且成年在江苏. 如果 x 是一位历史名人, 这个争论可能就会很激烈了. 从这个例子可以看到, 比"北方人"更基础的概念"是什么地方人"是需要明确定义的, 如果这个更基础的概念没有明确定义, 上述命题是无法进行判断的. 如果以祖籍地为定义（历史上就是如此）, 则否定命题; 如果以出生地为定义（许多国家就是如此）, 则肯定命题; 如果以成人所在地为定义（身份证就是如此）, 则又要否定命题. 因此, 准确的定义对于命题的判断是非常重要的, 在这个意义上, **定义是命题的基础**, 也就是说, 如果要判断某个命题 "$A \to P$", 首先应

◀下面将要讨论, 如何才能使定义本身清晰.

当清楚所指项 A 的所指是什么,即应当清楚集合 A 中都有一些什么,对于数学更是如此. 考虑下面的数学命题:

乘法是可以交换的. (1.8)

如果用 $\oplus$ 表示一种运算,那么这个运算"可以交换"就是指:对于元素 x 和 y 均有 $x \oplus y = y \oplus x$. 现在的问题中 $\oplus$ 表示乘法. 我们知道,如果 x 和 y 表示的是数,根据四则运算法则,我们肯定命题;如果 x 和 y 表示的是矩阵,那么,根据我们在第二辑第九讲给出的矩阵乘法定义,必须否定命题. 如果不给出"乘法"一个明确的定义,我们是无法对命题进行判断的. 所以,**在进行命题的判断前,必须明确命题中所指项的定义**.

> 数学教师应当清楚自己在数学课堂中说了些什么,其中的数学含义是什么. 这对数学教师提出了很高的要求.

那么,什么是定义呢?在我们的日常生活中,人们对于"定义"的要求是不苛刻的,有许多定义可以是相当模糊甚至可以因人而异. 比如考虑语句:

这个菜是很辣的.

这样的语句,就是个性化很强的定义语句,因为生活习惯的不同,大多数江苏人认为"很辣"的菜,许多湖南人会认为根本"不够辣". 虽然如此,这样的话语在日常生活中也是可行的,至多引发一些有趣的争论而已.只有当我们需要认真讨论"辣"这个问题的时候,才需要确认什么是辣,甚至需要给出辣的等级①.

甚至对于同一个人,对于同样的所指,有时也很难给出确切的定义.比如,考虑下面的语句:

完成这样的工作是很花费时间的.

我们知道,即便是同样的工作,即便是同样的人,随着这个人对于这个工作的熟悉程度的不同,完成所花费的时间很可能是不同的;甚至一个工作完成的情况还可能与当事人的心情有关,我们都有这样的经历,有时感觉时间如"白驹过隙",有时感觉"度日如年".

我们的生活如此丰富多彩,涉及要定义的各种场合、各种类型的东西如此之多,因此,要给出"定义"本身一个明确的定义是非常困难的②.但是,为了数学推理的需要,使用模糊的定义是不可以的;为了数学的精确性,必须抽象出与时间、地点和人的心情无关的数学定义.那么,什么是数学的定义呢?我想,我们通常使用的数学定义大概可以分为两种,一种是名义定义,一种是实质定义.

◀数学的定义是日常生活中定义的一种很特殊的部分.

---

① 比如,可以定义"辣"是指辣椒的辣味强度,这个强度是由辣椒中辣味素含量决定的.进一步,可以指出辣椒中的辣味素主要有五种,基于这五种辣味素,国家质量监督检验检疫总局颁布了一个关于辣度的计算公式;湖南省质量技术监督局给出了一个辣度的等级标准,共分十个等级,等等.

② 参见:[美]柯匹,[美]科恩著.逻辑学导论·第11版.张建军,等译.北京:中国人民大学出版社,2007:115~120.

> **名义定义**是对某些事物标明符号,或者是对某类事物指明称谓. 比如,关于点和直线的定义,希尔伯特就曾经表述为:用大写字母 A 表示点,用小写字母 a 表示直线,这是前者;或者,关于三角形的定义,通常教科书的表述为:三角形是指用三条边围成的多边形,这是后者. 这样的定义不涉及所要研究对象的具体含义,甚至可以不考虑定义中"所指"的存在性. 比如,关于点和直线定义,我们并没有想说明点和直线是否存在、如何存在,只是通过符号给出称谓. 更为特殊的,我们还可以定义:金山是指由金子所构成的山,这是罗素①在《西方哲学史》中曾经举过的例子,这个定义根本不顾及"金山"这种东西是否存在.

▶ 在数学中给出定义往往不是为了说明对象的存在性,而是为进一步表述对象之间的关系.

> 这种完全符号化的定义有一个最大的好处,那就是可以避免许多可能出现的争议,就像希尔伯特关于几何对象的定义,或者像我们在第五讲将要讨论的集合公理系统中关于集合的定义,那完全是为了避免各种悖论. 但是,这样的定义也有一个最大的坏处,那就是这样的定义使得初学者无法把握研究对象的实质,进而无法很好地理解所要研究问题的对象. 所以,在数学教育特别是基础教育阶段的数学教育过程中,必须注意到这种定义的不足之处,必须用一些具体的事物作为这种名义定义的补充. 虽然,问题一旦具体化

▶ 符号化给表述数学问题带来了便捷,但给理解数学问题的本质带来了困难. 因此,现代许多传统杂志仍然希望作者尽可能地使用语言表述.

---

① 罗素(Bertrand Arthur William Russell, 3rd Earl Russell, 1872~1970), 第三代罗素伯爵, 20 世纪英国哲学家、数学家、逻辑学家、历史学家, 和平主义社会活动家, 诺贝尔文学奖得主. 罗素与弗雷格、维特根斯坦和怀特海一同创建了分析哲学.

就必然会不全面,但是,我们更应当清楚,一般化恰恰是从许多不全面的具体中抽象出来的.因此我想,**处理好一般与具体之间、抽象与实体之间的关系,是数学教育的基本法则之一**.

实质定义是指揭示所研究问题对象内涵的逻辑方法[①],正如我们曾经用很大篇幅讨论过的那样,通过对许多所要研究问题的对象进行具体分析,归纳出共性、抽象出定义.这个"抽象"过程在数学教育,特别是基础教育阶段的数学教育中是不可以忽略的,这是上面所说的基本法则的具体实施,根据这个想法,可以把数学的实质定义描述为:

◀ 长期以来,我国中小学数学教育恰恰忽视了这个"抽象"过程,导致"重结果、轻过程",基础教育课程改革正在努力改变这种现象.

给出准则构建一个集合 A,如果利用这个准则,对任何元素 x 都能明确地判断元素 $x \in A$ 还是 $x \in A^c$,则称这个准则为定义,A 是这个定义所对应的集合. (1.9)

◀ 这里的描述是针对数学定义的,对于生活中的许多情况,这个描述过分严格.

虽然上面只给出一个操作性描述,但是,这种操作性描述对于帮助我们建立数学的实质定义是非常重要的.进一步讨论命题(1.8),为了对命题成立与否给出确切的判断,我们必须对命题中所涉及的"乘法"给出一个明确的定义,并且这个定义还应当与"运算"的可交换性有关.所以,如果我们要给出一个新的定义或者进一步确认一个已经存在的定义,**至少应当做**

---

① 参见:金岳霖主编.形式逻辑[M].北京:人民出版社,2005:41~42.

下面三个步骤的工作：

给出准则：明确命题中所指项和命题项之间的关系，明确命题的内涵，依据内涵给出准则；

验证准则：通过例子验证准则是否满足(1.9)的要求，特别是验证那些可能成为反例的例子；

确立定义：如果验证无误，根据准则确立定义.

▶ 举例说明是理解概念的"灵丹妙药"，一名好的数学教师应当掌握一些能够说明问题的、浅显易懂的例子.

我们必须清楚地知道，数学的任何一个重要定义都要经受长时间的实践和理论的检验，这就像科学结论一样，随时准备接受反例的挑战.在建立定义的过程中，所谓的反例就是那些可能使准则模糊的例子，也就是那些可能属于集合 A，也可能不属于集合 A 的例子.比如，关于"是什么地方人"的定义，我们给出的例子既涉及籍贯地又涉及出生地，还涉及成年所在地，那么，这样的例子就可能成为任何一种定义的反例.

重新讨论(1.8)的命题：乘法是可以交换的.因为这个命题关注的是运算的"交换律"是否成立，因此在进行命题的判断之前，我们必须确认所指项"乘法"的定义与命题项"可以交换"之间的关系.回忆第一辑第三讲的讨论，在那里，乘法的定义是：同一个元素的连续加法.在这个定义下，所谓的"矩阵乘法"就不是乘法了，只是借用了"乘法"的名称而已[①].如

---

① 事实上，通常使用的矩阵乘法的定义是名义定义，只是形式而没有实质内涵.

果确实需要构建满足"可以交换"条件的矩阵乘法的定义,那么,可以用数乘矩阵,即对于矩阵 D 有: $3 \cdot D = D + D + D = D \cdot 3$;或者用矩阵的阿达玛乘积:如果 A 和 B 是两个大小相同的矩阵,则两个矩阵的乘法 $A \cdot B$ 定义为两个矩阵的对应元素相乘.容易验证,这两种"矩阵乘法"都是可以交换的.于是在这样的乘法定义下,对命题(1.8)可以给出肯定的判断,否则,就必须给出否定的判断.由此我们可以再一次看到,**能够对命题进行明确判断的前提是:所指项有明确的定义**.

定义也具有系词结构,即一个定义可以表示为"A 是 B"或者用符号表示为"$A \rightarrow B$".正因为如此,有许多学者认为要区别定义与命题是非常困难的.但是我认为,在数学中,这种区别是非常明确的,我们仔细分析这个问题.

首先,定义是一个陈述语句,可以是判断语句,也可以不是判断语句[①];但是,命题必须是一个判断语句.比如,考虑下面的语句:

有一个角是90度的三角形是直角三角形. (1.10)

这是一个名义定义,是一个非判断的陈述语句.进一步,考虑下面阐述勾股定理的语句:

◀为什么是一个名义定义呢?

---

① 一般可以认为名义定义不是判断语句,实质定义是判断语句.

直角三角形斜边长的平方等于两条直角边长平方之和. (1.11)

这是一个判断语句,可以构成命题.用集合 A 表示"所有的直角三角形",通常称其为条件;用集合 Ω 表示"一条边长的平方等于其他两条边长平方之和的所有三角形",通常被称为结论.由(1.5)式,如果我们肯定这个命题,就必须验证 $A \subseteq \Omega$,即验证对于任意 $x \in A$ 则必然有 $x \in \Omega$.我们从勾股定理知道,这个命题是成立的.事实上,我们还能验证对于任意 $x \in \Omega$ 则必然有 $x \in A$,因此由(1.1)知,这个命题的条件和结论之间是等价的,即 $A \equiv \Omega$.对于这种情况,我们称条件 A 和结论 Ω 是**充分必要**的,或者称 A 成立的**充分必要条件**是 Ω 成立,并且称这个命题是充分必要的.

我们再举一个生活中的例子来说明什么是充分条件,什么是必要条件:

对于某人,好伙食的标准是有红烧肉和炒青菜.朋友 A 请吃饭,有清蒸鱼、红烧肉、炒青菜;朋友 B 请吃饭,有红烧肉.

▶ 在这个例子中,我们能够直观地理解充分条件和必要条件的涵义.

那么,对于这个人来说,朋友 A 提供了好伙食的充分条件,朋友 B 提供了好伙食的必要条件.因为,对于朋友 A,虽然清蒸鱼是不必要的,但满足好伙食的全部条件红烧肉和炒青菜都有了;对于朋友 B,虽然仅凭红烧肉是不充分的,但这个条件是必要的,因为没有红烧肉不能成为好伙食.

现在,我们可以一般地阐述充分条件和必要条件了.用 A 表示命题条件所对应的集合,用 P 表示命题的结论,那么充分条件和必要条件可以表述为

充分条件:如果 A 成立那么必然有 P 成立,即有 $A \to P$;

必要条件:如果 A 不成立那么必然有 P 不成立,即有 $A^C \sim P$.

如果用集合的包含关系表示,那么有:

$$必要条件 \subseteq 命题 P 成立的条件 \subseteq 充分条件.$$

这样,我们所说的充分必要条件是指:必要条件与充分条件是一样的,即必要条件 $=$ 充分条件. 根据包含关系的传递性,对于充分必要条件可以得到关系式:

◀只有很好地理解了充分条件和必要条件,才能很好地理解数学的命题和定义.

$$必要条件 \equiv 命题 P 成立的条件 \equiv 充分条件.$$

可以看到,对于任何数学问题,如果能够得到充分必要条件,就说明这个条件与结论之间是恰到好处,也说明我们已经把这个问题研究透彻了,已经不存在特殊情况了. 对于这种情况,在命题的述说中,通常要突出命题中的充分必要条件,即可以把(1.11)表述如下:

一个三角形是直角三角形的充分必要条件是这个三角形的一个边长的平方等于其他两个边长平方之和.

进一步我们可以给出定义与命题之间的关系:**如果一个命题是充分必要的,这个命题的命题项,即必要条件也可以作为定义**.比如,在上面的述说中的必要条件就可以作为"直角三角形"的定义:

如果三角形的一个边长的平方等于其他两个边长平方之和,则称这个三角形为直角三角形.

> 虽然在有些情况下,定理和定义是可以互换的,但人们还是用最具有表现力的叙述作为定义.

显然这个定义与定义(1.10)是等价的.但是,我们必须再次强调的是,命题中的命题项可以作为定义是有条件的,那就是命题的条件与结论之间是充分必要的.在这个意义上,我们也能进一步理解实质定义的本质,那就是定义项与被定义项之间是充分必要的,这也是(1.9)的实质.

借此机会,我想说明早在中国的春秋战国时代,先哲们就能够明晰地分辨命题的必要条件和充分条件,并且给予了明确的表述.下面一段论述记载于《墨

经·经上》①的开篇,其中"小故"等价于必要条件,"大故"等价于充分条件②:

> 故是指得到结果的条件.
> 小故是指有不一定得到结果、没有则必然得不到结果的那种条件.
> 大故是指有不是必须的、但有则一定得到结果的那种条件.

我们不能不赞叹,先哲的这段文字论述是如此的准确,又是如此的简捷.可惜的是,中国古代先哲们的论述总是那么言简意赅,使得后人很难了解他们是如何思考的,我们将在附录中尝试地分析先哲们的思维模式.

◀ 我想,现代人也很难给出比这更好的定义.

下面,我们完成关于"是什么地方人"的定义. 如果我们约定某人的出生所在地在哪里,这个人就是哪里人,这样就完成了定义.因为,一个人的"出生地"明

---

① 《墨经》是《墨子》书中的重要部分,约完成于周安王 14 年(公元前 388 年).《墨子》是我国战国时期墨家著作的总集,是墨翟(人称墨子)和他的弟子们写的.墨翟是鲁国人(约公元前 468~前 376),他是一个制造机械的手工业者,精通木工.墨子一派人把自己的科学知识、言论、主张、活动等集中起来,汇编成《墨子》.《墨经》有《经上》《经下》《经上说》《经下说》四篇(一说还包括《大取》《小取》共六篇).《经说》是对《经》的解释或补充.也有人认为《经》是墨家创始人墨翟主持编写的,《经说》则是其弟子们所著录.《墨经》的内容,逻辑学方面所占的比例最大,自然科学次之,其中几何学的 10 余条,专论物理方面的约 20 余条,主要包括力学和几何光学方面的内容.此外,还有伦理、心理、政法、经济、建筑等方面的条文.

② 原文为:"故,所得而后成也;小故,有之不必然,无之必不然;大故,有之必无然,若见之成见也."因为充分条件所包含的内容要多于必要条件所包含的内容,因此可以分别称为"大故"和"小故".详细的讨论参见本书的附录.

确了①,那么这个人是"哪里人"就确定了;反之,如果要确定一个人是"哪里人",那么这个人必须是在"那里出生的".显然,这是一个充分必要的关系,因此这个定义是成立的.根据这个定义,某人 x 就是北方人了.

我们之所以要如此清晰地分辨命题和定义的区别,是为了进一步讨论数学的演绎推理.绝大多数情况下,**数学基本推理的对象是命题**,为了体现数学的精确性,我们应当更清晰地分辨一般意义下的命题与数学命题之间的区别.我想,这个区别主要表现在所指项.对于一般意义下的命题,所指项可以比较模糊,甚至可以是一个类,但是对于数学命题,如(1.9)所要求的那样,必须是一个元素,或者是一个泾渭分明的集合.现在,我们就可以进一步分析哥德尔的那篇引起很大震动的论文.

在前两节我们说过,哥德尔在那篇论文中,经过一系列符号和形式化的规定,提出了他的基本命题,即语句 $G:n$ 在这个系统中是不可证的.其中 n 是语句所指派的哥德尔数,而这个语句就是 G 本身.这相当于说,语句 G 断言 G 在该系统是不可证的.在这个命题之中,所指项是哥德尔数 n,而 n 的定义是:在这个系统中是不可证明的.很显然,这个"定义"不符合我们在(1.9)中的规定,因为无法给出一个"准则"明确

---

① 如果一个人是在公海上出生的,美国法律规定,如果所乘坐船的船籍是美国的,那么这个人就是美国人.

的判断什么东西是可证明的或者不可证明的.因此,**在我们的规定下,哥德尔的命题不能成为数学命题**.如果强行解释"在这个系统中不可证明的"内涵是:命题本身与公理系统独立.这样,这个命题的成立又是显然的了,就像平行公理与欧几里得几何的其他公理的关系,但这并不是希尔伯特的原意.正像我们在前两辑中反复强调的,数学概念的符号化和论证的形式化是必要的,但是在数学的命题中,无论是符号化还是形式化,所指项的定义必须是清晰的.关于哥德尔这个命题中的逻辑,我们将在后面进一步讨论.

◁ 可能会有许多人不同意这个推论.这个推论的立论基础是关于数学定义的定义.其中有着深刻道理.

我们可以看到,问题还是出在希尔伯特最初关于公理体系完备性的描述(参见第二辑第七讲):对于某个数学领域,从公理体系提供的概念和公理出发,可以判断基于这个领域概念的任意一个有意义的命题的真伪.现在的问题是,什么是"任意一个有意义的命题"呢?这个看起来似乎是非常明了的语句事实上是不明了的,如果遵循我们所给出的定义,数学命题中所指项必须符合(1.9)中的规定,那么,很可能就不会出现逻辑上的反例了.

不能不令我们再次惊讶的是,还是在中国的春秋战国时代,先哲们就能够清晰地知道定义与命题的区别,并且能够清晰地指出定义与命题各自的功能.这些表述被记录在《墨经·小取》之中,其中说道:以名举实,以辞抒意,以说出故.我们用现代语言把文中的意思表述如下①：

通过定义（名）明确所讨论问题的对象（实），通过命题（辞）表述所讨论问题的实质（意），通过论证（说）得到讨论问题的原因（故）．

> 先哲们的这段论述是非常精辟的，对于指导我们今天的数学教学，指导我们对问题的表述和理解是非常有益的．

因此，从先哲的论述中我们能够清楚地知道：**定义的功能是为了明确讨论问题的对象，命题的功能是为了表述所讨论问题的实质，论证的功能是分析条件和结果之间的关系**．我想，先哲的论述已经清晰地指明了论证过程中三个最基本概念，并且阐明了这些基本概念各自的功能．下面，我们讨论数学推理过程中需要把握的基本原则．

§1.4 三个基本原则

我们讨论了命题和定义，从现在开始，将讨论数学的推理．正如我们在绪言中曾经讨论过的，数学推理主要包括两方面的内容：一是对基本推理的直接判断，大部分情况下，这表现于对简单数学命题的是否判断；二是建立条件与结果之间的逻辑联系，判断条件与结果之间是否存在必然关系．那么，进行判断以

---

① 参见：胡适的《先秦名学史》第 118～120 页，冯友兰的《中国哲学简史》第 105～107 页，金岳霖的《形式逻辑》第 347～350 页，《墨子选注》的第 230～231 页（李渔叔著，正中书局，1977 年），也可参见本书的附录．

第一讲 基本推理的基础

及建立条件与结果之间逻辑联系的思维基础是什么呢？这是一个非常难以回答的问题,现代的学者们给出了许许多多的逻辑形式,已经达到了使人无法记忆的程度,更无法判断这些逻辑形式的合理性①. 在这本书中,我们还是遵循形式逻辑中三个最古老的原则,批判地把这三个原则使用于数学的命题、定义和推理中. 这三个原则就是:同一律、矛盾律和排中律.

同一律是指一个事物与自身同一,表示为 $A=A$. 也就是说,一个事物不能同时存在又不存在;或者说,一个事物不能同时是自身又是别的. 这就要求把这个事物与不是这个事物分辨得非常清楚,但是,事物总是相对的,事物也总是变化的,就历史发展的长河而言,同一律就显得很僵化了,正如恩格斯在《自然辩证法》中批评的那样②:

> 旧形而上学意义下的同一律是旧世界观的基本原则: $a=a$. 每一个事物和它自身同一. 一切都是永久不变的,太阳系、星体、有机体都是如此. 这个命题在每一个场合下都被自然科学一点一点驳倒了,但是在理论中它还继续存在着,而旧事物的拥护者仍然用它来抵抗新事物:一个事物不能同时是它又是别的. ……抽象的同一性,像形而上学的一切范畴一样,对日常应用来说是足够的,在这里考察的只是很小的

◀ 在日常生活中,人们看待事物往往会遵循一定的原则,但要把这些原则阐述清晰却是非常困难的. 可是,作为一名数学教师,还是需要了解数学论证的基本原则是什么.

---

① 参见:[美]柯匹,[美]科恩主编.逻辑学导论·第11版[M].张建军,等译.北京:中国人民大学出版社,2007.
② 参见:马克思恩格斯全集:第二十卷[M].北京:人民出版社,1971:557.

范围或很短的时间.

在上面的述说中,恩格斯强调一切事物甚至一切规律都不是永恒不变的,要学会辩证地分析问题.恩格斯的说法是有道理的,以我们在第二辑中讨论过的几何学为例,最初人们认为欧几里得几何是永恒不变的真理,包括"过直线外一点能作并且只能作一条平行线"这个公理;后来人们发现也可以建立一个有无数条平行线的几何,这便是罗巴切夫斯基几何;再后来人们发现还可以建立没有平行线的几何,这便是黎曼几何.特别须要注意的是,如果在更大的范围内思考问题,这些几何都有着明确的物理背景(参见第二辑的讨论).

> 甚至可以把所有的公理都看做假设,这是形式化证明最佳的出发点.

但是,我们讨论的数学定义和推理是从日常生活中抽象出来的,正如我们在第二辑的最后部分讨论的那样,这种"抽象了的东西"是不存在的,因此,在某种程度上,我们可以把那些"抽象了的东西"看做一些假定,或者认为是相对真理.于是,我们在数学上仍然可以使用同一律,并且把其限制为**数学同一律**:如果一个集合 A 是确定的,那么,一个元素 x 或者属于集合 A 或者不属于集合 A. 我想特别强调的是,在我们现在的数学中只讨论具有这种性质的集合[①].这样,由(1.9)给出的关于定义的立论根据是明确的.

---

① 在现代数学中,有些定义是与此不符的,比如,集合 A 本身是模糊的,即一个元素是否属于这个集合依赖于非 0—1 的示性函数,人们称这样的数学为模糊数学;此外,在概率论与数理统计中,虽然集合 A 本身是确定的,但元素属于这个集合的可能性的大小是不同的.

第一讲 基本推理的基础

矛盾律是针对推理的基本原则：一个命题 P 不能同时为真又为假，即 P 与 P^C 不能同时成立. 现有的资料表明，矛盾律最初是亚里士多德①提出的，他在《形而上学》中写道②：

> 但我们明确主张，事物不可能同时存在又不存在，由此我们证明了它是所有原本中最为确实的. 有些人由于学养不足认为需要对此加以证明，但是他们不知道哪些应当证明哪些不应当证明，这正是学养不足的表现.

于是，人们遵循亚里士多德的建议，把矛盾律作为不证自明的基本推理原则. 众所周知，"矛盾"一词出于中国春秋战国时代的一个寓言. 事实上，矛盾律与人们的生活常识是一致的，就像那个寓言所述说的那样. 因此，这个原则确实不用证明. 现在，我们用 (1.4) 的方法表示矛盾律：如果 P 是一个数学命题，则不存在一个集合 A，使得 $A \to P$ 和 $A \sim P$ 同时成立. 可以看到，这个原则对于数学推理是非常重要的，没有这个原则几乎寸步难行.

◀ 这是唯一一个没有争议的原则.

排中律也是针对推理的基本原则：一个命题 P 不

---

① 亚里士多德（公元前 384～前 322 年），也译做亚里斯多德，古希腊斯吉塔拉人，世界古代史上最伟大的哲学家、科学家和教育家之一. 他是柏拉图的学生，亚历山大的老师. 公元前 335 年，他在雅典办了一所叫吕克昂的学校，被称为逍遥学派. 马克思曾称亚里士多德是古希腊哲学家中最博学的人物.

② 参见：苗力田主编. 亚里士多德全集·Ⅶ[M]. 北京：中国人民大学出版社，1997：91.

是真的就是假的,即 P 与 P^C 必有一个成立. 这个原则对命题的要求是非常严格的. 在日常生活中,排中律不一定是合适的,事实上,就中国的传统文化而言,很难接受"非此即彼"的思维模式. 在日常生活中,不能肯定一件事情的时候并不意味着就要否定这件事情,比如我们曾经讨论过的一些语句:

这道菜做得很辣.
完成这样的事情是很花费时间的.

在排中律的原则下都不能成为命题,因为上述语句中的结论都是相对的:这个菜可能在"辣"与"不辣"之间;这个工作可能在"费时"与"不费时"之间. 事实上,排中律也是亚里士多德在《形而上学》中提出的,他提出的时候就是犹豫不决的[①]:

> 在对立的陈述之间不允许有任何的居间者,对于一事物必须要么肯定要么否定其某一方面. ……如果不是为理论而理论的话,在所有对立物之间,应当存在居间者,故一个人可能既以其为真又以其为不真. 在存在与不存在之外它也将存在,因此,在生成和消灭之外有另外某种变化.

正如亚里士多德所说,为了理论而理论,在数学

▶ 可以看到,数学的推理原则在日常生活中并不一定是必然成立的,使用这些原则完全是为了数学的严格性.

---

① 参见:苗力田主编. 亚里士多德全集·Ⅶ[M]. 北京:中国人民大学出版社,1997:106~107.

第一讲 基本推理的基础

同一律的基础上我们依然使用排中律:如果 P 是一个数学命题,A 是一个确定的集合,那么 $A \to P$ 或者 $A \to P^C$,二者必居其一.数学推理中经常使用的反证法所依赖的基本原理就是排中律,比如希望证明 $A \to P$,我们先假定 $A \to P^C$.如果对于任何一个元素 $x \in A$,都有 $x \to P^C$ 成立将导致与某些事实矛盾,就可以推断 $A \to P^C$ 的假定是不成立的,于是根据排中律可以推断 $A \to P$ 成立.下面,我们用 $\sqrt{2}$ 是无理数的证明来说明矛盾律和排中律的作用,其中的证明参见第一辑第四讲.

用反证法证明 $\sqrt{2}$ 是无理数.

先假设 $\sqrt{2}$ 不是无理数,那么,$\sqrt{2}$ 就是有理数.根据有理数的定义,$\sqrt{2}$ 能够表示为两个整数的比,比如 $\sqrt{2} = \dfrac{a}{b}$,其中 a 和 b 为整数且没有公因数.(为证明 $A \to P$,先假定 $A \to P^C$,其中 A 为 $\sqrt{2}$,P 为无理数).

则 $a^2 = 2b^2$,于是 a^2 必为偶数.因为只有偶数的平方才能为偶数,所以 a 为偶数.因为 a 和 b 没有公因数,a 为偶数则 b 必为奇数.因为 a 为偶数,可设 $a = 2c$,其中 c 为整数.则 $a^2 = 4c^2$,于是有 $4c^2 = 2b^2$ 或者 $2c^2 = b^2$,则 b^2 为偶数即 b 为偶数.b 不可能又是奇数又是偶数,因此,假设不成立.(这个结论是根据矛盾律的原则)

所以,$\sqrt{2}$ 是无理数.(因为假设 $A \to P^C$ 不成立,根

据排中律只有 $A \to P$)

从上面的例子我们可以感悟到,在数学的证明过程中,矛盾律和排中律都是非常重要的原则.但是,也应当注意到,排中律对于命题本身的要求是非常严格的,我们再次回顾哥德尔于1931年发表的那篇划时代的论文的开始部分[①]:

在较精确的意义上说,数学的发展已经导致它大范围的形式化,以至于证明竟然可以依照少数几条机械规则实现.目前,最丰富的形式系统,一个是怀特海和罗素的《数学原理》的系统,另一个是策梅罗-弗兰克尔的公理集合论系统.这两个系统足够广阔,现在数学中使用的所有证明方法都可以在系统中形式化,即都可以从几条公理和推理规则中演绎出来.因此,似乎可以合理地推测,这些公理和推理规则对于判定所有在系统中能够描述的数学问题是充分的.下面将要指出的是,事情并非如此!在上述两个系统中,存在着相对简单的初等数论问题,不能在该系统中基于公理而判定.

哥德尔在文中提到的问题就是我们曾经讨论过的命题 $G:n$ 在这个系统中是不可证的,其中 n 是语句所指派的哥德尔数,而这个语句就是 G 本身.很显然,

---

① 参见:[美]格勃尔主编.哲学逻辑[M].张清宇,等译.北京:中国人民大学出版社,2008:80.

第一讲　基本推理的基础

如果一个在系统中确实存在的"有意义"的命题,在这个系统中却不能进行正确或者错误的判断,那么这个事实与排中律是相悖的.因此,哥德尔在这里至少指出了数学推理中不能忽视的却已经被人们忽视了的两个要点:一个要点是对于命题的判断必须依赖于话语系统;另一个要点就是使用排中律的时候要特别小心.

在下面几讲,我们将逐步讨论数学推理的话语系统.

◀ 根据排中律的原则,一个有"有意义"的命题或者正确或者错误,二者必居其一,因此,任何"有意义"的命题都是可以判断的.

第二讲　具有传递关系的推理

阅读提示

在推理过程中,包含关系、大小关系等可传递性起到了关键作用."具有传递性"这个法则是人们可能进行逻辑推理的基础.

直言三段论的本质是命题的可传递性,也就是说,命题所对应的集合之间可以形成包含关系.因此,直言三段论在本质上表述的是集合之间的包含关系,这种关系具有传递性.虽然直言三段论推理的形式是可以多种多样的,但可传递性的本质是不能改变的,反之,只要把握了传递性也就把握了直言三段论推理.

三段论是古希腊学者特别是亚里士多德总结出来的一种推理模式,这个推理模式后来被中世纪的经院主义奉为是至高无上的学说.在今天的形式逻辑学中,三段论也仍然保持着相当重要的地位,可以称其为思维推理的典范,相当于欧几里得几何学在科学中的地位.

亚里士多德认为,三段论是一种比数学证明更为广泛的论证形式,他在《工具论》中说[①]:

[①]　[古希腊]亚里士多德著.工具论[M].余纪元,等译,北京:中国人民大学出版社,2003:88.

第二讲　具有传递关系的推理

我们之所以要在讨论证明前先讨论三段论,是因为三段论更加普遍些. 证明是一种三段论,但并非一切三段论都是证明.

亚里士多德的看法是不全面的,证明并不都是三段论. 当然,三段论也并不都是证明. 虽然如此,亚里士多德规范证明的形式仍然是非常必要的:在论证问题时,只有规定了论证的前提又规定了论证的形式,我们才可能对于论证的结论达成共识,这一点正是科学需要的.

◀能举出不是用三段论证明的例子吗?

§2.1　直言三段论

三段论是一个包括大前提、小前提和结论三个部分的论证形式,这是一个基本推理的模式. 三段论有不同的种类,亚里士多德称它为格,最初亚里士多德定义了三种格,后来经院学者又增加了第四格. 但现在已经证明后三种格可以归结为第一格[①]. 下面我们比较仔细地分析第一格,我相信,通过这个分析可以理性地把握数学证明的形式,特别是把握基本推理的逻辑判断模式. 三段论的第一格分为四种型,分别阐述如下:

---

① 参见:[英]罗素. 西方哲学史[M]. 何兆武,李约瑟译. 北京:商务印书馆,2003:253;或参阅:[苏联]楚巴欣主编. 形式逻辑[M]. 宋文坚译. 上海:上海人民出版社,1981:134~136.

全称肯定型　专业术语为 AAA 型[①]. 亚里士多德给出的例子是：

凡人都有死. 苏格拉底是人. 所以苏格拉底有死.

上述三句话分别就是大前提、小前提、结论. 如果用 A 表示人的集合,用 x 表示苏格拉底,用 P 表示死这样的事情,则上面的推理形式可以为

$A \rightarrow P.$
$x \in A.$
$/ x \rightarrow P.$　　　　　　　　　　　　　　　　(2.1)

▶ 在这个模式中可以很好地领会结论必然的推理形式.

其中 / 代表"所以"的意思,即 / 的前面是条件, / 的后面是结论. 显然,这是一个基本推理,因为这是从一个命题判断 $A \rightarrow P$ 直接到达另一个命题判断 $x \rightarrow P$ 的过程,其中过渡的桥梁是 $x \in A$. 这个推理模式是不会有任何错误的,因为**结论 $x \rightarrow P$ 是来源于大前提 $A \rightarrow P$ 的定义**,因此,从条件到结果是必然的. 从推理的过程看,可以认为这个形式的推理是不言而喻的,甚至可以认为这个形式的推理是毫无意义的,但是,这个论证形式在日常生活中特别是在数学证明中却是非常

[①] 此处的三段是全称肯定、全称肯定、全称肯定,这个型的拉丁文称谓是 Barbara,其中三个元音为 A,A,A.

第二讲　具有传递关系的推理

重要的.

回忆欧几里得《原本》中的第一个数学问题,这个问题的证明可能是现存的能够被称为数学证明的第一个证明. 数学问题是:对于给定的线段 AB,要求在 AB 上作一个等边三角形. 欧几里得首先作出了点 C,然后给出结论:"已经证明了 CA,CB 都等于 AB,因为等于同量的量彼此相等,所以 CA 也等于 CB. 因为三条线段 CA,AB,BC 彼此相等,所以三角形 ABC 是等边的."(参见第二辑第四讲)我们把欧几里得的证明转换为三段论的形式:

凡是等量彼此相等. CA,CB 都等于 AB. 所以 CA 等于 CB.

如果用集合 A 表示"所有的等量",用命题 P 表示"彼此相等",利用欧几里得给出的第一个公理:等于同量的量彼此相等,可以得到大前提 $A \to P$. 接下来,用元素 x 表示关系"$CA=AB$ 且 $CB=AB$",因为 $x \in A$,那么结论是"三个线段彼此相等",即 $x \to P$. 可以看到,数学的第一个证明就利用了三段论的推理形式.

◀ 从现在开始,我们将要分析数学证明本身的正确性.

事实上,在三段论的推理过程中结论反而不是重要的,关键在于前两条 $A \to P$ 和 $x \in A$ 是否成立,第一条通常是一个已知事实,比如公理、假设或者定理,因此,第二条往往是数学证明的重点. 我们通过三段论的省略形式来分析前两条的重要性,在我们的日常生活中经常会用到这些省略形式.

省略大前提　往往认为大前提是人所共知的,可以省略,于是推理形式为：

$x \in A.$

$/x \to P.$

这样,亚里士多德的那段话就变为："苏格拉底是人.所以苏格拉底有死."

省略小前提　往往是为了便捷,把小前提与结论一起阐述了,于是推理形式为：

$A \to P.$

$/x \to P.$

这样,亚里士多德的那段话就变为："凡人都有死.所以苏格拉底有死."

上面的推理形式在我们的日常生活中似乎是可以的,但是,在数学的证明过程中一定要慎重使用这种推理形式,在数学的证明过程中一定要对大前提和小前提进行明确说明,否则可能会出现错误.

比如,关于省略大前提的例子：

矩阵的乘法是乘法.所以矩阵乘法可以交换.

这个结论是不正确的,因为我们通常所说的矩阵乘法是不可交换的.那么,上述推理的问题出在哪里呢?就在于省略的大前提："乘法是可以交换的."就像我们曾经分析过的,在大前提中所说的乘法是指通常的

▶ 数学的证明,最好不要省略步骤,对于初学者尤其如此,因为越是省略的地方越容易出现错误.

第二讲 具有传递关系的推理

四则运算中的乘法;而矩阵的乘法以及群的乘法是在四元数①的启发下定义的乘法,这种乘法是不满足交换律的,这种乘法只是一种名义定义,并不是通常在数的意义下的乘法. 如果用 A 表示四则运算的乘法或者满足交换律的乘法,用 x 表示矩阵乘法,那么 $x \in A$ 不成立.

再比如,关于省略小前提的例子:

凡数都可以比较大小. 所以复数可以比较大小.

这个结论显然也是不对的,因为在一般情况下复数是不可以比较大小的. 那么,问题出在什么地方了呢? 回忆我们在第一辑第一讲中关于数的定义:数字是那些能够由小到大进行排列的符号,这便是大前提中所说的数. 用 A 表示这个数集,用 x 表示复数,因为复数并不是通常意义的数(参见第一辑第十讲),不具有数集 A 所具有的那些性质,因此 $x \in A$ 不成立.

所以,在数学的证明中不能使用三段论的省略形式,必须注意到:**小前提被大前提包含是三段论的核心**,如果用省略形式可能会出现基本概念的混淆. 也就是说,在三段论的论证过程中证明 $x \in A$ 是不可以忽略的,这一点也是同一律所要求的.

◀因为大前提是事先给定的,结论是事后得到的,那么推理过程就只是验证小前提是否成立.

---

① 四元数是英国数学家哈密顿(Hamilton,1805～1865)发明的基于复数的一种数,哈密顿定义在这种数上的乘法不满足交换律,参见第一辑第十讲的讨论.

全称否定型　专业术语为 EAE 型①. 亚里士多德给出的例子是：

没有一条鱼是有理性的. 所有的鲨鱼都是鱼. 所以没有一条鲨鱼是有理性的.

这个推断在本质上与全称肯定型是一致的,只不过是用了否定的形式. 如果用 A 表示所有的鱼,用 P 表示理性,则 $A \sim P$ 述说了大前提；进一步用 x 表示鲨鱼,那么,这个三段论形式为

$$A \sim P.$$
$$x \in A.$$
$$/x \sim P. \qquad (2.2)$$

这种推理模式得到的结论也是必然的,因为与全称肯定型一样,仍然是结论出自大前提的定义. 在这个推理模式中,重要的工作仍然是验证小前提是否成立. 我们给出一个数学的例子：

以有理数为系数的方程的根不可能是 π. 所有的整数都是有理数. 所以以整数为系数的方程的根不可能是 π.

---

① 此处的三段是全称否定、全称肯定、全称否定,这个型的拉丁文称谓是 Celarent,其中三个元音为 E,A,E.

这个推论显然是正确的.与全称肯定型比较,有一个问题是应当注意到的,就是在全称肯定型中的小前提中涉及的事物是一个元素,而现在小前提中涉及的事物是一个集合.亚里士多德没有注意到这个区别,但是在现代逻辑学中,学者们认为分辨这个区别是重要的,我们讨论如下.

令 A 和 B 为两个集合,如果 B 中的任意元素都属于 A,即 $x\in B \rightarrow x\in A$,则称集合 B 是集合 A 的**子集合**,记为 $B\subseteq A$.可以看到,在全称否定型亚里士多德给出的例子中,所有的鲨鱼也是一个集合,如果用 B 表示这个集合,三段论的形式应当为

$A \sim P.$
$B \subseteq A.$
$/B \sim P.$ (2.3)

显然,这种推论形式也可以用于全称肯定型,即可以在(2.1)式中把元素 x 变换为子集合 B.罗素认为这个变换是可能出现问题的[①],比如,变换亚里士多德最初的例子:

凡人都有死.所有希腊人都是人.所以所有希腊

---

① 参见:[英]罗素.西方哲学史[M].何兆武,李约瑟译.北京:商务印书馆,2003:253~256.

人都有死.

> 用所有希腊人代替苏格拉底,会有什么本质的差异呢?

针对这个形式,罗素认为有两个问题是需要注意的,一个问题是需要验证"所有的希腊人都是人"这个命题,因为这个命题应当分解为两个子命题:"有希腊人存在"和"如果有东西是一个希腊人,那么这个东西是人";还有一个问题是判断"苏格拉底有死"与判断"所有希腊人都有死"是不一样的,因为前者是具体的存在,而后者是一般的存在,正如我们在第二辑讨论的那样,一般存在不是现实的存在,因此要判断一般存在的属性是非常困难的. 于是罗素认为:"这种纯形式的错误,是形而上学与认识论中许多错误的一个根源."

我并不认为罗素指出的两个问题有多么严重,至少在数学中是这样,因为在数学中可以认为一个元素也是子集. 但是他指出的,判断一般存在的属性要比判断具体存在的属性困难,这是千真万确的,我们很容易判断苏格拉底是否会死,但很难判断所有的人是否会死. 可是,按照这样的思维逻辑,三段论似乎是本末倒置了,因为,在亚里士多德倡导的三段论中,**把一个判断困难的、具有一般性的命题作为前提,把一个判断不困难的、具有特殊性的命题作为结论**. 如何理解这个问题呢? 这就涉及了三段论的本质.

> 一个更加本原的思维过程应当是什么样的呢? 详细的讨论参见本书的下一辑.

事实上,统观亚里士多德的《工具论》[1]可以知道,

---

[1] 参见:[古希腊]亚里士多德著. 工具论[M]. 余纪元,等译. 北京:中国人民大学出版社,2003:88.

第二讲 具有传递关系的推理

亚里士多德提出的前提是有根基的,甚至可以追溯到公理和公设,比如在上述欧几里得的证明中,大前提"等于同量的量彼此相等"就是一个公理.因此,我们可以理解大前提中提出的命题是已经被确认的,也就是说,"凡人都有死"这个命题是已经由"许许多多"个苏格拉底有死总结出来的,而利用三段论推断的是"这个"苏格拉底有死.正是因为判断具体存在的属性比判断一般存在的属性容易,因此,日常生活和生产实践中,人们通常**由具体存在的属性推断一般存在的属性**,这种推理的方法被称为归纳法,我们将在第四辑中专题讨论这个问题,也参见本辑附录的讨论.经典归纳法是由英国哲学家培根[①](F. Bacon,1561~1624)总结出来的,他在总结之前毫不留情地批评了亚里士多德的三段论(参见第二辑第十讲).

我认为,至少对于数学的论证,下面的问题是重要的:在直言三段论的论证模式(2.1)式中,用子集合 B 代替元素 x 时必须慎重.这是因为,**在集合 A 中不完全成立的命题在子集合 B 中可能完全成立**,看下面

---

① 培根(Francis Bacon,1561~1626),英国哲学家、作家和科学家.著有《学术的进步》(1605)和《新工具》(1620)、《论说随笔文集》等.后者收入 58 篇随笔,从各个角度论述广泛的人生问题,精妙、有哲理,拥有很多读者.他竭力倡导"读史使人明智,读诗使人聪慧,数学使人精密,哲学使人深刻,伦理学使人有修养,逻辑修辞使人善辩"(Histories make men wise, poets witty, the mathematics subtle, natural philosophy deep, moral grave, logic and rhetoric able to contend).他推崇科学、发展科学的进步思想和崇尚知识的进步口号,一直推动着社会的进步.他提出了唯物主义经验论的原则,经验归纳法.他认为,科学必须追求自然界事物的原因和规律,要获得自然的科学知识,就必须把认识建筑在感觉经验的基础上.他被马克思称为"英国唯物主义和整个现代实验科学的真正始祖".

的例子：

> 所有的三角形至少有一个锐角．所有的直角三角形都是三角形．所以所有的直角三角形都至少有一个锐角． (2.4)

这个结论是正确的，但这个结论是不充分的，因为直角三角形恰好有两个锐角．对于数学的推理而言，我们总是希望得到恰到好处的结果，很显然，结论"所有的直角三角形恰有两个锐角"要比命题(2.4)给出的结论更加准确．这个问题涉及大前提中集合 A 与命题 P 之间的关系，我们将在下一节讨论这个关系，从而给出三段论的一般形式．

▶ 恰到好处的结果是数学严密性需要的，也是数学的初学者难以把握的．

下面继续讨论三段论第一格中其余两种类型，通常被称为特称型．

特称肯定型　专业术语为 AII 型[①]．亚里士多德给出的例子是：

> 凡人都有理性．有些动物是人．所以有些动物是有理性的．

[①] 此处的三段是全称肯定、特称肯定、特称否定，这个型的拉丁文称谓是 Darii，其中三个元音为 A, I, I．

特称否定型　专业术语为 EIO 型[①]. 亚里士多德给出的例子是:

没有一个希腊人是黑色的. 有些人是希腊人. 所以有些人不是黑色的.

与全称型不同的是,特称型的推断中使用了"有些"这样的词语,因此这样的推断与全称型有本质的不同:全称型的小前提是在集合 A 的内部;特称型的小前提是在集合 A 的外部. 比如对于全称型,"苏格拉底"是在"人"这个集合的内部,"鲨鱼"是在"鱼"这个集合的内部;但对于特称型,"动物"是在"人"这个集合的外部,"人"是在"希腊人"这个集合的外部,所以在结论中才必须用"有些"这样的限制词. 特称肯定型的符号形式可以描述为:

◀从语句的表面分析,是用有些人代替了希腊人,但语句的内涵是"至少"有希腊人,也就是说,其内涵比希腊人更广泛一些.

$$A \to P.$$
$$A \subseteq B.$$
$$/A \cap B \to P. \qquad (2.5)$$

特称否定型的符号形式可以描述为:

$$A \sim P.$$

[①] 此处的三段是全称否定、特称肯定、特称否定,这个型的拉丁文称谓是 Ferio,其中三个元音为 E,I,O.

$$A \subseteq B.$$
$$/A \cap B \sim P. \qquad (2.6)$$

在上述推断中,集合 B 包含大前提中的 A,其中符号 $A \cap B$ 表示的也是一个集合,称其为集合 A 与 B 的**交集合**,表示的是集合 A 和集合 B 的共同部分,即 $x \in A \cap B$ 意味着 $x \in A$ 并且 $x \in B$. 显然,如果 $A \subseteq B$,那么必然有 $A \cap B = A$. 因此,就形式而言(2.5)和(2.6)中的结论是一点意义也没有的. 事实上,**三段论的这两个特称型的核心是为了换一个称谓**,比如,虽然在(2.5)的结论中 $A \cap B$ 指的仍然是人,但指的是动物集合 B 中人的那个部分;虽然在(2.6)的结论中 $A \cap B$ 指的仍然是希腊人,但指的是人的集合 B 中希腊人的那个部分.

就数学而言,如果是为了得到肯定的结论,那么这种论证是没有用处的,因为对于数学,一个结论在"有些"情况下成立是没有意义的. 比如,我们在第一辑讨论过哥德巴赫[①]猜想,容易验证小于 100 的偶数都可以表示为两个素数和的形式,于是由(2.5)可以得到推论:

▶ 为什么这样的命题对于数学没有意义呢?

[①] 哥德巴赫(Goldbach C., 1690.3.18~1764.11.20),德国数学家,出生于格奥尼格斯别尔格(现名加里宁城). 曾在英国牛津大学学习. 原学法学,由于在欧洲各国访问期间结识了贝努利家庭,因而对数学研究产生了兴趣,曾担任中学教师. 1725 年,到了俄国,同年被选为彼得堡科学院院士. 1725~1740 年担任彼得堡科学院会议秘书. 1742 年,移居莫斯科,并在俄国外交部任职.

所有 100 以下的偶数都可以表示为两个素数的和. 有些偶数是 100 以下的. 所以有些偶数可以表示为两个素数的和.

显然, 对于数学来说, 这样的结论是一点意义都没有的.

但是, 为了得到数学的否定结果, (2.6) 的论证形式却是强有力的, 因为对于科学而言, 为了驳倒一个论断只需要举出一个反例就可以了. 比如, 在第二辑第五讲中涉及三等分角的问题, 虽然我们只讨论了 60 度角这一种情况, 但我们可以从这种情况出发进行下面的推论:

◀ 虽然只举出一个反例, 但蕴涵的思想是, 还可以举出更多的反例.

60 度角是不能三等分的. 有些角是 60 度角. 所以有些角是不能三等分的.

进而得到结论: 三等分角是不可能的. 虽然在上述三段论的大前提中, 我们用一个元素代替了集合, 但这种形式在数学中是更加有效的.

这样就可以得到结论: **对于数学的推理而言, 全称肯定、全称否定、特称否定这三种形式的直言三段论是有效的**, 也是经常被使用的.

§2.2 直言三段论的本质

我们已经很清楚,直言三段论蕴涵的推理模式是:由大前提 $A \to P$ 的定义得到结论 $x \to P$;或者,由大前提 $A \sim P$ 的定义得到结论 $x \sim P$;其中由条件到结论的过渡都是 $x \in A$. 在同一律的原则下,这个推理模式是无懈可击的,因为根据同一律原则,我们能够清晰地判断元素 $x \in A$ 是否成立. 这样,为了分析直言三段论的本质,只需要分析集合 A 与命题 P 之间的关系.

对应于第 1.2 节的讨论,用大写希腊字母 Ω 表示满足命题 P 的所有元素构成的类,正像我们曾经讨论过的那样,这个类可以是比较模糊的,也就是说,这个类并不要求满足同一律. 比如,对于(2.1)所示的全称肯定型中亚里士多德给出的例子,用集合 A 表示"所有的人",用 Ω 表示命题项的述说:所有"有死"的那些东西,那么类 Ω 就是比较模糊的,因为很难定义什么叫做"有死"的东西. 但是,在论证的过程中有两点必须是非常清楚的,集合 A 是明确的,并且类 Ω 包括集合 A 也是明确的,即所有"有死"的那些东西包括了"所有的人". 这样,整个三段论就形成了一个清晰的包含关系,比如,直言三段论的全称肯定型就可以表示为:

> 因为在大多数情况下,我们并不要求条件和结论是充分必要的,因此结论所对应的类可以是模糊的.

$$x \in A \subseteq \Omega. \tag{2.7}$$

因为包含关系是具有传递性的,如图 2-1 所示,这样得到 $x \in \Omega$ 的结论显然是合理的. 可以看到,**在推理的过程中,包含关系的可传递性起到了关键作用**. 表面上,我们在述说全称肯定型的直言三段论,事实上,我们在述说一种可传递的包含关系.

◀ 这种关系对数学推理至关重要.

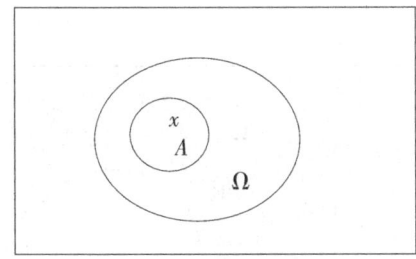

图 2-1 全称肯定型集合 A 与命题集合 Ω 的关系

对于全称否定型,问题要复杂一些. 比如,用 Ω 表示(2.2)中所有"有理性"的那些东西所构成的类,用 Ω 的补 Ω^C 表示不属于 Ω 的所有元素构成的类,即所有"没有理性"的那些东西所构成的类. 那么判断 $A \sim P$ 就等价于判断包含关系 $A \subseteq \Omega^C$,如果用语言表述,则判断命题"没有一条鱼是有理性的"等价于判断命题"所有的鱼都属于没有理性的". 这个关系可以用图 2-2 直观表示,在图中 Ω 以外的部分就是 Ω^C. 因为大前提要求 $A \subseteq \Omega^C$,这等价于要求集合 A 与命题集合 Ω 没有公共的元素,即交集合 $A \cap \Omega$ 是空集合,通常表

◀ 在数学教育中应当注意,判断否命题比判断正命题更困难,这是因为我们比较容易把握一个集合的内部,却不容易把握这个集合的外部.

示为 $A \cap \Omega = \varnothing$，并且称 $\varnothing$ 为空集合. 这样，如图所示，全称否定型的三段论模式可以表示为：

$$x \in A \subseteq \Omega^C. \qquad (2.8)$$

这依然是一个包含关系，因此结论 $x \in \Omega^C$ 是合理的. 用类似的方法，我们可以对特称肯定型和特称否定型得到同样的结论.

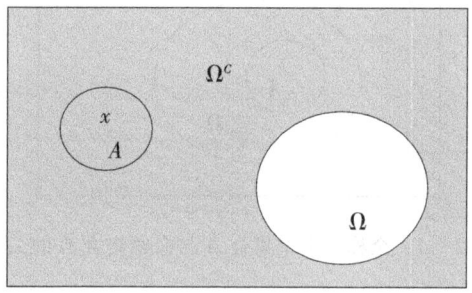

图 2 - 2　全称否定型集合 A 与命题集合 Ω 的关系

通过上面的讨论，我们就可以利用集合的语言对直言三段论表述如下：**直言三段论表述的是集合之间的包含关系，这种关系具有传递性**. 我想，其中关于"包含关系具有传递性"这个命题，应当是人们在长期的日常生活和生产实践中总结出来的公理，我相信，人们从远古的时候就会知道：一个人属于家庭，家庭属于族群，那么，这个人属于族群. 这个命题的正确性是不需要证明的，并且，**"具有传递性"这个命题应当作为人们可能进行逻辑推理的基础**.

第二讲　具有传递关系的推理

我们曾经讨论过,在直言三段论论证式中可以用子集合 B 代替元素 x,即在图 2-1 或图 2-2 中,用子集合 B 代替元素 x,只要保证包含关系 $B\subseteq A$ 成立,那么推理的结论成立. 比如,对于全称肯定型,我们考虑下面的推断:

◀ 我想,可以把传递性当做演绎逻辑推理的本质,也就是说,在演绎逻辑推理的过程中,应当把握传递性这个主线.

　　凡数都可以比较大小. 整数是数. 所以整数可以比较大小.

如果用 A 表示"所有的数字",用 B 表示"所有的整数",用 Ω 表示"所有能够比较大小的东西",那么这个推理可以表示为关系式:

　　$B\subseteq A\subseteq \Omega.$

从包含关系的传递性知道,这个结论成立是必然的.

　　这样,我们就得到了下面的命题:**凡是可以构成直言三段论的论述,对应的集合之间存在传递关系.** 如果这个命题是正确的,我们在数学的教学过程中就比较容易把握数学论证的本质了. 事实上,如果命题之间不具有传递性,是不能进行逻辑论证的. 我们分析下面的推理:

◀ 逻辑论证存在于具有包含关系的集合之间.

　　所有三角形的内角和都是 180 度. 平角不是三角形. 所以平角不是 180 度.

◀ 许多谬误都是用类似的推理方式得到的.

从表面看这是一个三段论的推理模式,可是这个推理结论显然是错误的,那么,这个推理的逻辑错误在什么地方呢?问题就在于这个命题中条件集合和结论集合之间不存在包含关系,因而不存在传递性,我们来仔细分析这个问题.

我们用 A 表示所有三角形,用 Ω 表示所有角度为 180 度的那些东西,用 x 表示平角. 在这些定义下,上述大前提说的是 $A \subseteq \Omega$,小前提说的是 $x \in A^C$,结论是 $x \in \Omega^C$. 由 (1.7) 的关系式可以知道,大前提 $A \subseteq \Omega$ 等价于 $\Omega^C \subseteq A^C$,这样,在上面的推理过程中小前提与结论之间就颠倒了,这样的推理是不满足传递性的,因此并没有形成直言三段论. 事实上,在所述说的大前提下,如果要形成直言三段论,那么小前提只能是 $x \in \Omega^C$ 而不能是 $x \in A^C$,因为只有这样才可能符合包含关系,才可能具有传递性. 因此可以断言,不具有传递性的命题之间不能进行逻辑推理.

▶ 这样,我们就论证了证明方法本身的正确性.

同样的道理,如果要利用上面那些符号讨论否命题,满足传递性的推理模式应当是这样的:

$A \subseteq \Omega$.

$x \in \Omega^C$.

$/ x \in A^C$.

▶ 这样的推理已经不是基本推理了,因为其中要附加一个转换过程,但是传递性的原则是依然的.

可以看到,这种推理得到的结论是必然的,因为整个推理可以缩减为 $x \in \Omega^C \subseteq A^C$,这种关系是具有传递性的. 但也可以看到,这种模式的推理要比传统的直言三段论的推理模式更为复杂,因为需要把其中的大前提进行转换,即把 $A \subseteq \Omega$ 等价地转换为 $\Omega^C \subseteq A^C$. 容易看到,转换后的模式就类似于全称否定型的直言三段论(2.8)式,但要更复杂一些,因为这时的逻辑顺序为:正、反、反.下面的例子是符合这个推理模式的:

所有三角形的内角和都是180度,这个多边形的内角和不是180度,所以这个多边形不是三角形.

如果用 x 表示这个多边形,用 A 表示所有三角形,用 Ω 表示所有角度为180度的那些东西,那么,这个命题正是推理模式: $x \in \Omega^C \subseteq A^C$,而其中后一个包含关系来源于另一个基本推理:

因为 $A \subseteq \Omega$ 和(1.7)式,所以 $\Omega^C \subseteq A^C$.

正如我们在讨论特称否定型时说的那样,上面的推理形式对于否定一个命题是非常有力的.再比如,我们要得到"以有理数为系数的一元二次方程的解可能为虚数"这个命题,如果把方程表示为 $ax^2 + bx + c = 0$,我们知道判别式 $b^2 + 4ac$ 是非常重要的,希望得到的结论可以用下面的论证形式:

根为实数的有理系数一元二次方程的判别式不小于零.有些有理数使得判别式小于零.所以有些有理系数一元二次方程的根不是实数.   (2.9)

这样，通过一元二次方程的根就确定了虚数的存在性.

通过正反两个方面的讨论，我们已经得到结论：**直言三段论的本质是命题的可传递性**，或者说，命题所对应的集合之间可以形成包含关系. 虽然直言三段论推理的形式是可以多种多样的，但其本质可传递性是不能变的，反之，只要把握了传递性就把握了直言三段论推理.

▶ 这就道出了一类推理的要害.

§2.3 传递三段论

从上一节的讨论知道，如果用集合的包含关系来解释三段论，那么，直言三段论之所以成立的核心就在于包含关系具有传递性，这样我们就可以把直言三段论推广到所有具有传递性的关系，并称其为**传递三段论**.

▶ 这样，直言三段论就是传递三段论的一种特殊情况了.

令 A 是一个集合或者一个类，令 $\approx$ 是定义在 A 上的一个二元关系. 所谓的二元关系是指，对于 A 中的元素 x 和 y，不是 $x \approx y$ 就是 $y \approx x$，如果 $x \approx y$ 并且 $y \approx x$，那么就认为这两个元素是等价的，表示为 $x = y$. 进一步，称这个二元关系在 A 上具有**传递性**，如果对于集合 A 中的元素 x, y 和 z，这个关系满足下面条件：

$$\text{如果 } x \approx y, y \approx z, \text{则 } x \approx z. \qquad (2.10)$$

第二讲 具有传递关系的推理

显然,有许多关系都是具有传递性的,比如包含关系、相等关系、大小关系、高矮关系、前后关系、顺序关系等等.我们统称具有递推性的二元关系为**传递关系**.如果一个集合或者一个类上存在一个传递关系$\approx$,那么对于集合中的元素x,y,z,传递三段论可以表述如下:

$x \approx y.$

$y \approx z.$

$/ x \approx z.$

这个简单推理显然是正确的,因为结论来自前提的定义.如果在上面的表示中,用集合代替元素,结果也是成立的.

比如,我们分析(2.7)式和(2.8)式的推理.如果用符号$\subseteq$代替$\approx$表示包含关系,就可以得到全称肯定三段论和全称否定三段论;再比如,对于欧几里得《原理》中第一个命题的证明,如果用=代替$\approx$表示线段的相等关系,证明可以表示为:

$CA = AB.$

$AB = CB.$

$/ CA = CB.$

特别是,如果在一个集合上存在小于关系<,则对于集合中的元素a,b,c,下面的结论成立:

$a < b.$

$b < c.$

$/ a < c.$

◀ 所谓传递性是指二元关系的一种特性,这种特性在日常生活的事物中是大量存在的,这种特性是可能进行演绎逻辑推理的基础.

因为小于关系的推理很难写成三段论的表述形式，因此在形式逻辑的论述中，普遍认为三段论不可能适用于关于大小关系、高矮关系、前后关系的推理，并且认为这是三段论的主要缺点之一[①]．在这个意义上，我们可以认为**传递三段论推广了传统的直言三段论**．

▶ 对于步骤较多的推理，可以分解为若干个基本的推理，然后再分析基本推理之间的关系．

很显然，对于传递关系，步数的限制是不必要的，因此也无所谓"三段"论的推理了．比如，由递推关系 $x\approx y, y\approx z, z\approx h, h\approx g$，可以得到 $x\approx g$，我们可以称其为**复合三段论**．但无论如何，简单三段论也就是在绪论中谈到的基本推理还是最为基础的推理．此外，步数较多的推理是容易出错误的，因此，在使用过程中要特别仔细．鲁迅[②]曾经在《论辩的魂灵》一文中对某些顽固派的诡辩方法描述如下[③]：

你说甲生疮，甲是中国人，就是说中国人生疮了．既然中国人生疮，你是中国人，就是你也生疮了．你既然也生疮，你就和甲一样．而你只说甲生疮，则竟无自知之明，你的话还有什么价值？倘你没有生疮，是说

[①] 参见：金岳霖主编.形式逻辑[M].北京：人民出版社，2005：178～179．

[②] 鲁迅(1881.9.25～1936.10.19)，原名周樟寿，后改名周树人，字豫山，后改为豫才，祖籍河南，出生于浙江省绍兴市．从发表第一篇白话小说《狂人日记》时(1918年5月)，始以"鲁迅"为笔名．他的著作主要以小说、杂文为主，有些被选入中、小学语文课本．他的作品被译成英、日、俄、西、法、德等50多种文字，在世界各地拥有广大的读者．鲁迅是中国现代的文学家和思想家．"横眉冷对千夫指，俯首甘为孺子牛"是鲁迅先生一生的写照．

[③] 参见：鲁迅全集：第三卷[M].北京：人民文学出版社，2005：31．

第二讲　具有传递关系的推理

诳也.

这个推理显然是荒谬的,那么,错误出在哪里呢? 一般来说,诡辩最常用的方法就是在推理的过程中模糊概念、偷换命题,我们仔细分析上面的论述中是如何偷换命题的. 为了表述方便,称上文开始到第一个句号为第一个三段论,之后到第二个句号为第二个三段论. 具体分析如下:

◀ 在日常生活中,这种方法非常普遍.
在数学教学中,如果欲判断一个论证是错误的,那么就应当指明造成这个错误的原因是什么.

第一个三段论的表现形式是特称肯定型,但其中的概念是模糊的,为了使这个推理符合准则,那么结论只能是:"有些"中国人生疮,而不能是:"所有"中国人生疮.

第二个三段论的表现形式是全称肯定型,那么,推理原则要求大前提是:"所有"中国人生疮. 可以看到,第二个三段论的大前提并不是第一个三段论的结论,这样就模糊了三段论的前提概念,因而也就偷换了命题.

在传递性的定义(2.10)中,我们已经使用了"如果"这样的假定形式,因此,传递三段论已经包括了传统的**假言三段论**. 假言三段论最初的形式为:

◀ 事实上,数学论证中的大前提往往都是假设.

如果 A 则 B,
如果 B 则 C.
/如果 A 则 C.

这与(2.10)几乎是一致的,在这个意义上假言三段论几乎是没有新意的. 通常称只有两个符号 A 和 B 的假言三段论为简单假言三段论,仔细分析简单假言三段论的几种形式对于了解数学的论证是非常重要的. 简单假言三段论共有四种形式:

如果 A 则 B.　　　　如果 A 则 B.
A 成立.　　　　　　　B 不成立.
/B 成立.　　　　　　　/A 不成立.

如果 A 则 B.　　　　如果 A 则 B.
B 成立.　　　　　　　A 不成立.
/?　　　　　　　　　　/?

▶ 可以用集合的包含关系来分析这两种形式的推理,可以看到传递性是不存在的.

很明显,当 A 和 B 之间不是充分必要条件时,后两种形式的推理是得不到确切结论的,这样的形式对于数学论证也是没有任何意义的. 为了明显地说明这些,我们讨论生活中的例子,比如第三种形式:

如果今天是春节,则今天不上班. 今天不上班,

结论是什么呢?今天就必然是春节吗?再比如第四种形式:

如果今天是春节,则今天不上班. 今天不是春节,

第二讲 具有传递关系的推理

结论又是什么呢？今天就必须上班吗？对于其他两种形式，第一种形式我们已经讨论过了，现在特别要指出的是，第二种形式对于推理是十分有效的，这种形式为：

如果今天是春节，则今天不上班．今天上班了，所以今天不是春节．

可以看到，这种论证形式比(2.9)的论述更为一般，这种形式对于论证否定命题与第一种形式论证肯定命题一样有力．事实上，这种形式还可以变化到**归谬三段论**．我们已经讨论过，反证法是一种有效的证明形式，其证明的原理是排中律，而反证法中常使用的论证形式则是归谬三段论，其论证形式可以表述如下：

如果 A 则 B，
如果 A 则非 B．
/非 A．

根据矛盾律，B 与非 B 同时成立是不可能的，因此上面的论证是有力的．回忆第 1.4 节中关于"$\sqrt{2}$ 是无理数"这个命题的讨论．在那里，我们先建立反证假设：$\sqrt{2}$ 是有理数，那么就存在互质的整数 a 和 b，使得 $\sqrt{2}=\dfrac{a}{b}$．下面的证明则是归谬三段论的典型表达

◀ 对于比较复杂的数学论证，更需要把握论证的模式，使得论证过程条理化．

形式：

如果$\sqrt{2}=\dfrac{a}{b}$，则 a 为偶数，

如果$\sqrt{2}=\dfrac{a}{b}$，则 a 为奇数．

所以$\sqrt{2}\neq\dfrac{a}{b}$．

这就论证了$\sqrt{2}$不可能是有理数，然后利用排中律就证明了$\sqrt{2}$是无理数．当然，在证明的过程中还有许多技巧性的论述，但是，总体的论证模式是简捷的．通过这个例子，我特别想说明的是，在数学论证的教学过程中，应当首先把握论证的总体脉络，然后再去分析那些局部技巧性的论述．这个总体脉络需要教师在复杂的论证中抽象出来，然后用简捷的语言或者符号表述出来．

▶ 下面的思考据说是伽利略①的，这是为了驳斥亚里士多德关于自由落体的理论：物体下落的速度与物体的重量成正比．显然，亚里士多德的理论来自生活经验，重的物体下落的更快一些似乎与我们的直观感觉是不悖的，因此，这个理论统治西方物理学界近两千年．但是，伽利略是这样思考的：设有两个下落物体 A 和 B，A 重 B 轻．根据亚里士多德的理论，物体 A 的速度快于物体 B 的速度．现在把两个物体捆绑在一

在日常生活中，许多想当然的事情并不是当然的，需要实验验证或者逻辑的证明．

---

① 伽利略(Galileo Galilei，1564～1642)，意大利物理学家、天文学家和哲学家，近代实验科学的先驱者．

起,得到新的物体 $A+B$,于是:

物体 $A+B$ 比物体 A 重,则速度比物体 A 快;

物体 $A+B$ 是两个物体合成,则物体 $A+B$ 的合成速度应当快于物体 B 的速度,慢于物体 A 的速度.

所以,亚里士多德的理论不成立.

▸ 这种思考的实验是"比萨斜塔实验"的思维起点和实验设计的源头.

其中,第二个命题用到了加权平均的想法,如果用 $V(A)$ 和 $V(B)$ 分别表示物体 A 和 B 的速度,那么,物体 $A+B$ 的速度可以表示为

$$V(A+B)=\alpha V(A)+(1-\alpha)V(B), \alpha\in(0,1).$$

通常称 $V(A+B)$ 为 $V(A)$ 和 $V(B)$ 加权平均,因为加权平均满足

$$\min\{V(A),V(B)\}\leqslant V(A+B)$$
$$\leqslant \max\{V(A),V(B)\},$$

因此,有伽利略所思考的第二个命题.事实上,伽利略的这个命题也只是一个直观的想法,比如,一个大人拉着一个孩子跑,那么,合成的速度要小于大人自己的速度,要大于孩子自己的速度,可是,这个想法关于自由落体是无法验证的.无论如何,上面的论述利用了归谬三段论的论证形式.

▸ 在物理学中,结论的正确与否是通过实验来验证的,因此伽利略说,问题不在于我们想些什么,而在于大自然告诉我们些什么.

第三讲　具有递推关系的推理

阅读提示

在中学数学的课程内容中,完全归纳法是一种经常被使用的证明方法,其核心思想是:问题分类,逐类研究.完全归纳法虽然简单,却是一种非常有效的推理方法,不仅在数学中,而且在日常生活中这种推理方法也是有用的,因此,在中学数学有关内容的教学过程中,应当有意识地让学生感悟这种推理方法的核心和模式.

简单枚举法与完全归纳法的区别在于:前者没有验证或者不可能验证集合中的所有元素.这个区别看起来不大,但这个区别却是本质的,因为即便只有一个元素没有被验证,那么,这个元素不具有某个性质的可能性就不能被排除.

数学归纳法是一种演绎的方法.一般来说,结论不是由数学归纳法推演出来的,而是借助一些具体计算的结果,通过直观"猜想"出来的,然后用数学归纳法来验证这个猜想.数学归纳法具有多种变化形式,诸如跳步数学归纳法、辗转数学归纳法、倒序数学归纳法等等.

第三讲 具有递推关系的推理

如果用 G 表示条件,P 表示结论,$f(n)$ 表示第 n 步的推理,那么,上一讲所讨论的推理大体可以表示为:

$$G \to f(1) \to \cdots \to f(n) \to P$$

其中 → 表示直接推理,或者说,具有传递关系的推理. 事实上,如果命题 P 能够分解为有限个命题,用 $P(n)$ 代替 $f(n)$ 表示第 n 步的命题,那么可以形成这样的推理过程

$$G \to P(1) \to \cdots \to P(n) \to P$$

或者,形成更为一般的无限步的推理过程

$$G \to P(1) \to \cdots \to P(n) \to \cdots \to P$$

这样的推理过程是可能的,这便是我们将要讨论的具有递推关系的推理的简单图示.

◀ 由图可以直观地看出,这是一个线性的论证过程.

§3.1 完全归纳法

完全归纳法是一种非常简单的推理方法:令 A 是一个包含有限元素的集合,如果验证了每一个元素都具有性质 P,则认为这个集合中的所有元素都具有性质 P. 这个论证方法的正确性是不言而喻的,因为每一个元素都已经被验证过了,当然结论是成立的. 但是,在实际应用的过程中,问题并不是那么简单. 归纳

法最初也是由亚里士多德提出的[①],但是他对于这种论证的方法并不重视.后来逻辑学家改称这种方法为完全归纳法,用来区别两千年后由培根创立的归纳法.

完全归纳法也是一种演绎推理的方法,因为利用这种推理得到的结论是必然的.比如,令 A 是大于等于 4、小于等于 100 的偶数的集合,验证哥德巴赫猜想在集合 A 上是否成立,即验证集合 A 中的元素是否都可以表示为两个素数和的形式:

$4=2+2, 6=3+3, 8=3+5, 10=3+7, 12=5+7, 14=3+11, 16=3+13, \cdots, 100=3+97.$

验证表明结论是正确的,于是根据完全归纳法可以给出下面的:

哥德巴赫定理1　集合 A 中的每一个元素,即大于等于 4、小于等于 100 的偶数可以表示为两个素数的和.

▶ 为什么数学定理必须是一个被肯定的命题?

上面的结论虽然应用的范围不够广泛,但确实是正确的,是可以构成数学定理的,因为**数学的定理是一个可以被肯定的数学命题**.

我们分析完全归纳法的思考方法.首先根据某种共性 G 得到一个有限集合,然后验证集合中的所有元

[①] 参见:[古希腊]亚里士多德著.工具论[M].余纪元,等译.北京:中国人民大学出版社,2003:232~233.

素是否都具有性质 P. 一般来说,性质 P 与构成集合的共性 G 是不同的,否则命题就没有任何新意了,但为了推理的方便,在一般情况下,共性 G 与性质 P 是有关联的. 比如,上述定理中的共性 G 是偶数,性质 P 是可以表示为两个素数之和的数,命题的涵义是偶数可以表示为两个素数之和. 因为我们对于所有的元素都进行了验证,所以通过完全归纳法得到结论是正确的,是无懈可击的.

◁ 在许多情况下,集合的构建是与要讨论的问题有关的,或者说,是为了讨论问题的方便.

进一步,因为集合中的元素都满足性质 P,于是在一定的条件下,性质 P 也可能成为构建集合的共性,这个条件就是:共性 G 与性质 P 之间构成充分必要条件. 我们在第 1.3 节曾经讨论过充分必要条件,现在对上述定理分析如下:

充分条件:G 成立则 P 成立,即 A 中的每一个数都可以表示为两个素数的和;

必要条件:P 成立则 G 成立,即小于等于 100 的两个素数和在集合 A 中.

我们已经用完全归纳法验证了充分条件,现在需要验证必要条件. 事实上,所有大于 2 的素数都必然是奇数,而两个奇数的和又必然是偶数,因此两个素数的和必然是偶数,必要条件成立. 这样可以进一步强化上述哥德巴赫定理为:

哥德巴赫定理 2 一个数属于集合 A 的充分必要

条件是这个数可以表示为两个素数的和并且这个和不大于 100.

因为是充分必要条件,正如我们在第 1.3 节所阐述的那样,这时的命题 P 也可以作为集合 A 的定义.

在中学数学的课程内容中,完全归纳法是一种经常被使用的证明方法,其核心思想是:**问题分类,逐类研究**. 作为一个说明,考虑下面的几何命题 P:圆周角的大小等于对应圆心角的一半.

> 这也是完全归纳法解决问题的基本思路和主要步骤. 这种分类的要求是什么呢?

在一个圆心为 O 的圆中,对于给定弧 AC,用 $\angle ABC$ 和 $\angle AOC$ 分别表示对应的圆周角和圆心角,那么,命题 P 就是:$2\angle ABC = \angle AOC$. 从图 3-1 中可以看到,由于角的顶点 B 所在位置不同,圆周角 $\angle ABC$ 和圆心 O 之间的位置关系可以分为三种情况,分别用 $P(1)$、$P(2)$ 和 $P(3)$ 表示对应这三种情况的命题,即

$P(1)$:圆心在圆周角的一条边上时的命题 P,如图 3-1(a)所示;

$P(2)$:圆心在圆周角的内部时的命题 P,如图 3-1(b)所示;

$P(3)$:圆心在圆周角的外部时的命题 P,如图 3-1(c)所示.

这样,我们就把问题的类分清楚了,根据完全归纳法的原则,只要验证了 $P(1)$、$P(2)$ 和 $P(3)$ 这三个

命题成立,就可以推断命题 P 成立.

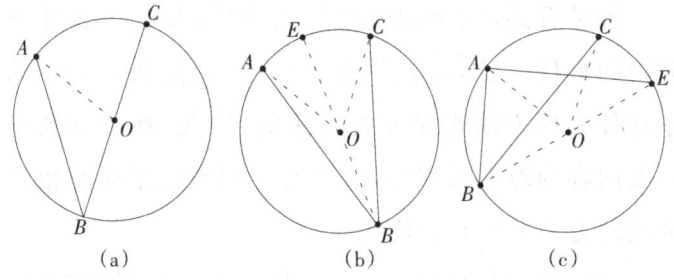

图 3-1

证明如下:

$P(1)$:当圆心 O 在 $\angle ABC$ 的一条边上时,连接 AO,如图(a)所示.这样 $\angle AOC$ 是等腰三角形 $\triangle ABO$ 的一个外角,于是有 $\angle AOC = \angle ABC + \angle BAO = 2\angle ABC$.

$P(2)$:当圆心 O 在 $\angle ABC$ 的内部时,过 B 作直径 BE,并连接 AO 和 CO,如图(b)所示.此时 $\angle ABE$ 和 $\angle AOE$ 分别是弧 AE 所对应的圆周角和圆心角;$\angle EBC$ 和 $\angle EOC$ 分别是弧 EC 所对应的圆周角和圆心角.这都可以转化为第一种情况,得到

$$2\angle ABC = 2\angle ABE + 2\angle EBC = \angle AOE + \angle EOC$$
$$= \angle AOC.$$

其中第二个等号用到了命题 $P(1)$ 的结论.

$P(3)$:当圆心 O 在 $\angle ABC$ 的外部时,过 B 作直径 BE,并连接 AO 和 CO,如图(c)所示,类似 $P(2)$ 的情况可以得到

$$2\angle ABC = 2\angle ABE - 2\angle CBE = \angle AOE - \angle EOC$$
$$= \angle AOC.$$

这样，我们就完成了命题 P 的证明.

容易看到，完全归纳法虽然简单，却是一种非常有力的推理方法，不仅仅在数学中，即使在日常生活中这种推理方法也是非常有用的，因此，在中学数学有关内容的教学过程中，应当有意识地让学生感悟这种推理方法的核心和模式.

> 关于四色定理的证明可以参见第二辑. 四色定理的证明方法曾经给数学的证明带来冲击.

利用完全归纳法最典型的数学例子是对"四色定理"的证明. 在证明过程中把平面中相邻区域的可能的情况分为 1400 多类，然后利用计算机逐类验证，最终把"四色猜想"变为"四色定理"，参见第二辑第九讲. 在完全归纳法的实施过程中，分类是最为重要、往往也是最为困难的. 关于分类问题的详细讨论可以在本书的附录中找到.

一个比完全归纳法更一般的方法被称为**简单枚举法**：令 A 是一个包含有限元素或者可数[①]元素的集合，如果验证过的集合中的每一个元素都具有性质 P，则认为这个集合中的所有元素都具有性质 P. 很显然，因为没有强调对于这个集合中的所有元素进行验证，我们可以对这个结论的正确性表示怀疑. 因此，简单枚举法与完全归纳法的区别在于：**没有验证或者不可能验证集合 A 中的所有元素**. 这个区别看起来不大，但这个区别却是本质的，因为即便只有一个元素没有被验证，那么这个元素不具有性质 P 的可能性就

[①] 一个集合中元素的个数是可数的，是指这个集合的元素可以与自然数集建立一一对应关系，参见第一辑第九讲.

第三讲 具有递推关系的推理

不能被排除. 当然, 对于集合中的元素, 验证得越多则结论正确的可能性越大, 这是一种依赖于可能性的推理. 这样的推理是有道理的, 但是这样推理得到的结论不具有必然性, 我们称这样的推理为归纳推理.

◀ 归纳推理是发现真理的主要方法.

比如, 令 A 是一个自然数, 即 $A=\{1,2,\cdots\}$, 考虑下面的命题①: 对于任意自然数 $n\in A$, 算式

$$n^2+n+41$$

得到的数值都是素数. 我们可以验证, 当 $n=1,\cdots,39$ 时, 命题的结论都是正确的; 但是当 $n=40$ 时, 得到的数值不是素数, 因此命题不成立. 更有甚者, 考虑命题: 对于任意自然数 $n\in A$, 算式

$$n^2+n+72491$$

得到的数值都是素数. 我们可以验证直到 $n=72489$ 时运算得到的数值都是素数②, 但是这个命题依然是不正确的, 因为当 $n=72490$ 时, 运算得到的数值就不是素数了. 可以看到, 对于数学命题, 只要有一个反例存在, 则命题就不成立了. 当然, 如果能够表明一个命题只有有限个反例的话, 那么这个命题还是很有价值的.

◀ 在这里也可以体会到数学的严格性, 数学证明的重要性.

至今为止, 人们用计算机进行了大量的计算, 都证明哥德巴赫猜想是正确的, 但是由于上面的那些反例, 我们仍然不能说哥德巴赫猜想必然是正确的. 于是, 人们只能根据简单枚举法的计算结果, 用猜想的

---

① 参见: 华罗庚著. 数学小丛书·数学归纳法[M]. 北京: 科学出版社, 2002.
② 在上面的小册子中, 这个数是 $n=11000$.

形式表明如下：

哥德巴赫猜想　大于等于 4 的偶数可以表示为两个素数的和.

虽然简单枚举法不是一种演绎推理,但我们可以看到,简单枚举法对于发现结论是重要的,至少指明了进一步论证的方向,因此这种推理方法在中学数学的教学过程中应当给予充分的关注. 正像我们在这一讲的最初曾经讨论过的那样,能够把命题编号并且形成一个序列对于演绎推理是重要的. 那么,是不是能够建立一些规则,使得有些简单枚举法的论证演变成为具有必然性的演绎推理呢？答案是肯定的,这就是数学归纳法.

▶ 这再一次说明"序"的重要性,序也是梳理思维的有效方法.

§3.2　数学归纳法

令集合 A 中的元素的个数是可数的,即集合中的元素可以对应于自然数编号,不失一般性,我们直接假定: $A=\{1,2,\cdots,n,\cdots\}$. 我们希望证明命题 P 对于集合 A 中的所有元素成立,如果用 $P(n)$ 表示对应于编号为 n 的元素命题 P,则问题等价于验证所有的编号命题

$$P(1),P(2),\cdots,P(n),\cdots$$

第三讲 具有递推关系的推理

成立. 从简单枚举法的讨论知道,我们无法完成对于所有编号命题的逐一验证,但是,凭借直观我们可以接受这样的事实: 验证 $P(1)$ 成立,如果假定 $P(n)$ 成立就可以验证 $P(n+1)$ 成立,那么,就认为命题 P 对集合中所有的元素成立. 我们举例说明这个直观.

令 A 是一个自然数集. 我们希望用一个算式表示前 k 个元素的和,即验证算式

$$1+2+\cdots+k=\frac{1}{2}k(k+1), \qquad (3.1)$$

对一切自然数 k 成立. 用 $P(n)$ 表示命题: 当 $k=n$ 时算式(3.1)成立. 容易验证命题 $P(1)$ 成立,现在假定命题 $P(n)$ 成立,希望验证 $P(n+1)$ 成立. 由 $P(n)$ 成立出发,我们计算如下:

$$1+2+\cdots+n+(n+1)=\frac{1}{2}n(n+1)+(n+1)$$
$$=(n+1)\left(1+\frac{n}{2}\right)$$
$$=\frac{1}{2}(n+1)(n+2),$$

◀ 这是数学归纳法至关重要的一步.

这正是 $P(n+1)$ 的表达式,这样就完成了对算式(3.1)的证明. 可是,这样证明得到的结果具有一般性吗? 这样证明得到的结果是必然的吗?

我们来验证这种证明方法本身的正确性. 我们知道,在一般的情况下,从肯定的角度来验证一个方法本身的正确性是比较困难的,一个简捷的方法是利用反证法. 假定这个方法不正确,如果能够推导出与一

个已知事实矛盾,那么,就可以利用排中律推断这个方法本身是正确的.

假定上述证明方法不正确,那么,必然存在一些自然数,使得命题 P 不成立,令 m 是使得命题 $P(m)$ 不成立的最小的自然数.因为任意一个自然数组,即任何一个自然数的子集都存在最小的元素,所以这个"令"是可能的.因为我们验证了 $P(1)$ 成立,所以 $m \geqslant 2$,即 $m-1$ 是一个自然数.因为 m 是使命题不成立的最小的自然数,那么命题 $P(m-1)$ 就必然成立,这就与我们的证明程序矛盾了,因为我们证明了如果 $P(m-1)$ 成立则 $P(m)$ 成立.因此假定是不成立的,这就验证了证明方法的正确性.

▶ 这个结论似乎是显然的,但是这个讨论是必要的,因为这里涉及"良序集"的问题,参见第 5.5 节的讨论,那里给出了数学归纳法最为一般的形式.

我们称这种证明方法为数学归纳法,**数学归纳法**的标准推理模式如下:

1. 验证命题 $P(1)$ 成立.
2. 假设命题 $P(n)$ 成立.
3. 验证命题 $P(n+1)$ 成立.
/集合 A 上的命题 P 成立. (3.2)

通常称第二步中的假设为**归纳假设**.因为我们已经证明了通过数学归纳法得到的结论是必然的,所以,**数学归纳法是一种演绎的方法**.

▶ 第一步其实就是命题 $p(n)$ 的初始值,起到奠基作用.

数学归纳法的核心和难点都在于 $P(n) \to P(n+1)$ 这个过程的验证,但是,对于命题 $P(1)$ 的验证也是不能忽略的.我们来分析下面的例子,令 A 是一个自

然数集,验证算式

$$(k+1)-k=2. \qquad (3.3)$$

这个算式显然是错误的,但我们可以尝试地论证,如果忽略了数学归纳法的第一步会出现什么情况. 用 $P(n)$ 表示算式中的命题:当 $k=n$ 时算式(3.3)成立. 现在假设 $P(n)$ 成立,即假设 $(n+1)-n=2$ 成立,验证命题 $P(n+1)$,计算如下:

$$\begin{aligned}(n+2)-(n+1)&=(n+1)+1-n-1\\&=(n+1)-n\\&=2.\end{aligned}$$

在假设前提下,上述推理过程是准确无误的. 问题出在这个命题的第一步就是不成立的,即命题 $P(1)$:$2-1=2$ 不成立. 因此,在利用数学归纳法证明问题时,首先验证命题 $P(1)$ 是必要的,甚至在许多问题中,还应当从 $P(1)$ 具体地推导出 $P(2)$. 这不仅可以进一步核实命题的正确性,还可以在具体推导的过程中直观建立由 $P(n)$ 到 $P(n+1)$ 的论证方法.

因为上面的例子是简单的,结论的错误也是明显的,我们很自然会怀疑证明的方法的正确性. 但是,如果需要证明的问题比较复杂,不认真处理第一步就可能会引发整个证明的混乱. 比如,美籍德国数学家柯朗[①](R. Courant,1888~1972)讨论了下面的例子. 仍

◀对于数学学习中的任何数学命题,都要用比较简单的形式验证一下,这对于理解命题的内涵是有益的.

---

① 柯朗(R. Courant,1888~1972),著名数学家,出生在德国,美国籍,以名著《数学是什么》而闻名于世.
[美]柯朗,[美]罗宾著. 数学是什么[M]. 左平,张饴慈译. 北京:科学出版社,1985.

然令 A 是一个自然数集,命题 P:集合中任意两个元素相等. 这是一个荒谬的命题,其"证明"过程比较复杂:

令 a 和 b 是集合 A 中任意两个元素,令 $\max\{a,b\}$ 表示 a 和 b 中大的一个,即 $\max\{a,b\}=a$ 当且仅当 $b\leqslant a$,或者,$\max\{a,b\}=b$ 当且仅当 $a\leqslant b$.

首先验证 $P(1)$. 因为 a 和 b 是自然数,当 $\max\{a,b\}=1$ 时必然有 $a=b=1$,因此命题 $P(1)$ 成立.

假设命题 $P(n)$ 成立,即归纳假设成立,现在验证命题 $P(n+1)$. 设 a 和 b 是使得 $\max\{a,b\}=n+1$ 成立的集合 A 中的元素,我们需要验证 $a=b$. 令 $\alpha=a-1$ 和 $\beta=b-1$,则 $\max\{\alpha,\beta\}=n$. 由归纳假设可以得到 $\alpha=\beta$,因此 $a-b=\alpha-\beta=0$,即 $a=b$,也就是说命题 $P(n+1)$ 成立. 由数学归纳法,命题 P 成立. 一个荒谬的结论得到了完整的"证明",问题出在哪里了呢?请读者自己查找证明中的问题.

▶ 一般来说,演绎方法的功能是验证结论而不是发现结论,数学归纳法也是如此.

▶ 这一规律可以被数学发展史中的许多事例所证实.

事实上,比利用数学归纳法证明问题更重要的是如何得到要证明的结论,比如,如何在证明之前就预测出(3.1)式等号右边的算式. **一般来说,结论不是由数学归纳法推演出来的,而是借助一些具体计算的结果,通过直观"猜想"出来的,然后用数学归纳法来验证这个猜想.** 我们通过(3.1)式及其扩张来分析这个问题.

因为自然数之和的表达式(3.1)比较简单,我们还可能看出来结果,比如:当 n 为偶数时,用 1 加上 n,

第三讲 具有递推关系的推理

2 加上 $n-1,\cdots$,如此类推可以得到 $n/2$ 个 $n+1$;当 n 为奇数时,类似地可以得到 $(n-1)/2$ 个 $n+1$,外加一个 $(n+1)/2$. 显然,这两种情况都得到自然数的前 n 个自然数之和为 $n(n+1)/2$. 据说,天才的德国数学家高斯(Gauss,1777~1855)[①]很小的时候就知道了这个结果. 那么,自然数的平方和、立方和的表达式将会怎样呢?

下面分析自然数平方和的表达式,在中学数学教科书上我们知道这个表达式为:

$$1^2+2^2+\cdots+n^2=\frac{1}{6}n(n+1)(2n+1). \quad (3.4)$$

这个结果很难凭借直观看出来,但我们可以用下面的方法推导出来. 因为

$$2^k+3^k+\cdots+(n+1)^k-(1^k+2^k+\cdots+n^k)$$
$$=(n+1)^k-1,$$

我们可以得到

$$(2^k-1^k)+(3^k-2^k)+\cdots+[(n+1)^k-n^k]$$
$$=(n+1)^k-1. \quad (3.5)$$

注意到上式左边的一般项为 a^k-b^k 的形式,可以进行

[①] 高斯(Gauss,1777~1855),德国数学家,近代数学奠基者之一,有"数学王子"之称.

因式分解. 比如 $k=3$ 时, 可以得到

$$(n+1)^3 - n^3 = 3n^2 + 3n + 1,$$

这样, 当 $k=3$ 时对 (3.5) 式的左边逐项分解, 然后合并同类项, 则 (3.5) 可以变化为:

$$3(1^2 + 2^2 + \cdots + n^2) + 3(1 + 2 + \cdots + n) + n$$
$$= (n+1)^3 - 1,$$

这样通过 (3.1) 式的结果就可以得到 (3.4) 式. 用同样的方法, 令 $k=4$, 可以得到自然数立方和的表达式为:

$$1^3 + 2^3 + \cdots + n^3 = \frac{1}{4} n^2 (n+1)^2.$$

▶ 通过已知的低次的结果来计算未知的高次的结果, 是数学计算和推理中常用的方法.

从自然数平方和、立方和表达式的计算过程可以知道, 如果用 $A(k)$ 表示自然数 k 次方和的表达式, 那么利用 (3.5) 式就可以形成下面的计算链:

$$A(1) \to \cdots \to A(n),$$

这也是一种递推的论证方法, 用这种方法可以得到自然数任何次方和的表达式.

§3.3 数学归纳法的变化

对于数学归纳法, 模式 (3.2) 只是描述了一般的法则, 在实际应用中还可以考虑下面的变化.

跳步数学归纳法. 虽然 (3.2) 的模式是从"验证命题 $P(1)$ 成立"开始的, 事实上, 由于问题的不同, 数学归纳法不一定必须从 1 开始, 可以有一个确定的整数 m, 然

后从"验证命题 $P(m)$ 成立"开始. 比如,考虑命题:

n 边形的内角和为 $(n-2)\pi$.

这时 n 显然要不小于 2,即 $n \geq 3$.

我们用数学归纳法来证明这个命题. 因为三角形的内角和为 180 度,命题 $P(3)$ 成立. 现在假定命题 $P(n)$ 成立,其中 $n \geq 3$,需要验证命题 $P(n+1)$ 成立. 因为一个 $n+1$ 边形可以分解为一个 n 边形和一个三角形,其中有一条边是公共的. 由归纳假设, n 边形的内角和为 $(n-2)\pi$. 因为三角形的内角和为 π,可以得到 $n+1$ 边形的内角和为:

$(n-2)\pi + \pi = [(n+1)-2]\pi$,

即命题 $P(n+1)$ 成立.

进一步,数学归纳法不仅可以从任何一个整数开始,甚至可以有多个开始. 比如,考虑命题[①]:

一个正方形可以划分为 n 个小正方形(不要求相等).

这时要求 $n=4$ 或者 $n \geq 7$. 当然,从 $n \geq 7$ 开始这个命题也是可以的,但我们多次说过,一般的情况下,一个数学命题希望结论成立的范围达到最大.

◀ 问题的关键在于验证对任意的大于等于 7 的 n,命题都是成立的.

———————

[①] 参见:严士健,张奠宙,王尚志主编. 普通高中数学课程标准(实验)解读[M]. 南京:江苏教育出版社,2004:234.

我们用数学归纳法来证明这个命题. 因为给定一个正方形,把这个正方形变为四个正方形是容易的,这时的跨度是3,因此可以如图3－2所示,首先证明 $n=4$ 和 $n=7,8,9$ 成立.

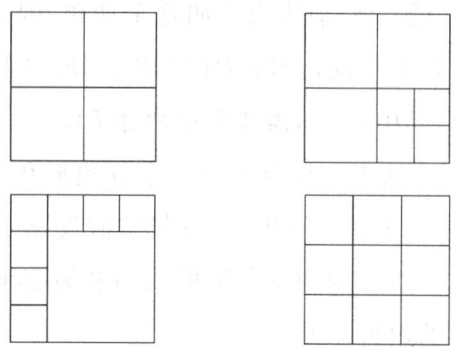

图3－2 一个正方形可以分为4,7,8,9个小正方形

然后,假定命题 $P(n)$ 成立, $n\geqslant 7$,类似上面的证明方法容易验证命题 $P(n+3)$ 成立. 可以看到,这个验证过程在本质上与(3.2)的模式是等价的,称其中的 $3-1=2$ 为跨度. 这样的方法被称为跳步数学归纳法,可以把**跳步数学归纳法**的推理模式归纳如下:

令 P 是集合 $A=\{m,m+1,\cdots\}$ 上的命题,对于跨度 a,

1. 验证命题 $P(m),\cdots,P(m+a)$ 成立.
2. 假设命题 $P(n)$ 成立,其中 $n\geqslant m$.
3. 验证命题 $P(n+a+1)$ 成立.

/集合 A 上的命题 P 成立. (3.6)

当然,还可以在集合 A 中补充个别的元素,就像图 3-2 所示的例子那样. 这样的推理模式得到的结果是否是必然的,或者说,是否是合理的呢? 为此,我们需要进一步分析(3.6)的推理模式,并进一步推广这种推理模式.

◀ 在有些时候,我们需要验证证明方法本身的正确性.

对于一些问题,我们可以先用完全归纳法对问题进行分类,比如对于(3.6)的模式,可以把问题分为 $a+1$ 类,令命题 $P_0(\cdot), P_1(\cdot), \cdots, P_a(\cdot)$ 分别对应于 $P(m), \cdots, P(m+a)$ 所代表的命题系列. 给出下面的集合表示,其中 $n=1,2,\cdots$

$A_0 = \{m, \cdots, m+n(a+1), \cdots\}$,
$A_1 = \{m+1, \cdots, m+1+n(a+1), \cdots\}$,
……
$A_a = \{m+a, \cdots, m+a+n(a+1), \cdots\}$.

然后在集合 A_j 上对命题 $P_j(n)$ 实施数学归纳法,其中 $j=0,1,\cdots,a$. 这样构成的论证形式为:

在 A_0 上: $P_0(m) \to \cdots \to P_0(m+n(a+1)) \to \cdots$

在 A_1 上: $P_1(m+1) \to \cdots \to P_1(m+1+n(a+1)) \to \cdots$

……

在 A_a 上: $P_a(m+a) \to \cdots \to P_a(m+a+n(a+1)) \to \cdots$

因为这些集合 $A_j, j=0,1,\cdots,a$ 的并正好是大于等于 m 的所有整数,可以看到,这个论证模式是标准数学归纳法(3.2)更为一般的形式,因为在标准数学归纳

法那里 $m=1$ 和 $a=0$,因此,可以得到结论:**跳步数学归纳法得到的结论是必然的**.

辗转数学归纳法. 在上面讨论的模式中,我们还可以让命题在各个集合之间逐项辗转推理. 我们来看下面的例子,这是元代朱世杰[①]在 1303 年左右的著作《四元玉鉴》中的例子. 有的学者评价《四元玉鉴》这部书是宋元数学的绝唱[②]. 这部书的特点是述说了许多高维、立体的数学问题,比如,书中提到的"招差术"是一种高次内插法,"垛积术"是一种从立体层面考虑的高阶级数的求和方法(下面将详细讨论其中的一个方法),"四元术"是一种解多元高次联立方程组的方法.

在《四元玉鉴》的下卷中,专门讨论了"果垛垒藏",共有二十问,其中第七问为[③]:

今有圆锥垛,果子积九百三十二个,问高几层?
答曰:十五层.

这个问题大概是说,把圆的果实(比如苹果、橘子之

> 这是一本令人拍案叫绝的数学著作,可惜的是,书中关于计算过程的描述过于简捷,这可能是没有进行符号抽象的缘故.

[①] 朱世杰(1300 前后),字汉卿,号松庭,燕山(今北京)人氏. 我国元朝杰出的数学家. 他长期从事数学研究和教育事业,周游各地 20 多年,四方登门来学习的人很多. 主要著作有《算学启蒙》(1299)三卷和《四元玉鉴》(1303)三卷.《算学启蒙》是一部通俗数学名著,曾流传海外,影响了朝鲜、日本数学的发展.《四元玉鉴》则是中国宋元数学高峰的又一个标志,其中,最杰出的数学创作有"四元术"(多元高次方程列式与消元解法)、"垛积法"(高阶等差数列求和)与"招差术"(高次内插法),其成就已接近近世代数学,处于世界领先地位. 朱世杰通晓高次招差法公式,比西方早四百年. 因而,中外数学史家都高度评价朱世杰和他的名著《四元玉鉴》.

[②] 参见:李文林著. 数学史概论[M]. 北京:高等教育出版社,2002(第二版):104.

[③] 参见:(元)朱世杰著. 四元玉鉴[M]. 李兆华校正. 北京:科学出版社,2007:116.

类)堆垒成圆锥垛,如图 3-3 所示①,现在堆垒了 932

图 3-3 圆锥垛示意图

个果实,问堆垒了多少层.答案是 15 层.除了问题和答案以外,第七问的后面还有关于如何得到答案的解释:

术曰:立天元一为层数.如积求之,得七千四百五十五为益实,二为从方,三为从廉,二为正隅.立方开之,合问.

这是在说:设天元一(未知数)为圆锥垛的层数,如果利用积(总数)列方程求之,可以得到一个常数项为 -7455,一次项系数为 2,二次项系数为 3,三次项系数为 2 的三次方程.开立方就可以得到层数,符合所问的问题.也就是说,设层数为 x,那么,所求层数为三次方程②

$$2x^3+3x^2+2x-7455=0$$

的解.我们把 15 代入这个方程,可以验证 15 确实是这 ◀为什么所求层数也可以是这个三次方程的解呢?

---

① 这个图是东北师范大学学校办公室的樊春运利用台球堆垒后照相而成.
② 参见:(元)朱世杰著.四元玉鉴[M].李兆华校正.北京:科学出版社,2007:208～209.

个方程的解.

▶ 中国古代数学发展到宋元时期就达到巅峰,而此后就"戛然而止"了.

多么复杂的计算!可以看到,元代朱世杰的工作比法国数学家韦达[①](Vieta 或 Viete,1540～1603)讨论的方程整整早了 300 年.可惜的是,当时没有创造出合适的数学符号,没有办法对计算过程给出清晰的数学表达,以至于明代以后的人就理解不了朱世杰的工作了.

首先,我们先分析每一层的个数.如图 3 - 4 所

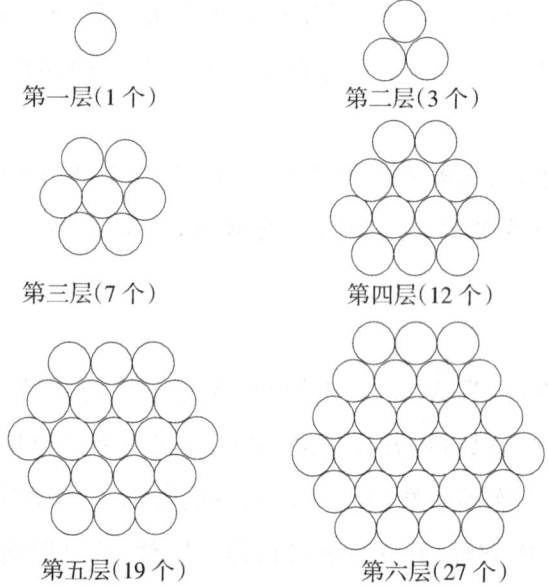

图 3 - 4 圆锥垛平面示意图

[①] 韦达(Vieta 或 viete,Francois,seigneurdeLa Bigotiere,1540～1603),法国 16 世纪最有影响的数学家之一.他年青时学习法律当过律师,后从事政治活动,当过议会的议员,在对西班牙的战争中曾为政府破译敌军的密码.韦达致力于数学研究,第一个有意识地和系统地使用字母来表示已知数、未知数及其乘幂,带来了代数学理论研究的重大进步.韦达讨论了方程根的各种有理变换,发现了方程根与系数之间的关系(被称为"韦达定理").韦达在欧洲被尊称为"代数学之父".

第三讲 具有递推关系的推理

示,我们可以看到,圆锥垛的特点是:下一层果实之间的缝隙所构成的行数要等于上一层果实的行数,使得上一层的果实恰好能放到下一层果实的缝隙上.这样构成圆锥垛之后,最上面一层有 1 个,第二层有 3 个,第三层有 7 个,第四层有 12 个,第五层有 19 个,第六层有 27 个,如此类推可以得到一个数列:

1,3,7,12,19,27,37,48,61,75,91,108,127,147,169,192,…

把数列的前 15 项加起来,可以得到

1+3+7+12+19+27+37+48+61+75+91+108+127+147+169=932.

这个和正好等于问题中果实的数量,而层数也正好等于答案所示.但是,在《四元玉鉴》中没有讨论一般的情况,因此,也没有给出一般的结果.不讨论一般的情况是中国古代数学最大的弱点,分析其原因,最主要的原因可能是因为符号表达的困难.其次,也很可能与中国古代的思维方法有关系,中国古代推崇感悟,推崇读者的举一反三,因此,许多问题讨论得不尽透彻,参见附录的讨论.可是,许多问题是不容易举一反三的,比如果子垛的问题.

为了分析一般的情况,我们需要得到数列的通项公式.对圆锥垛的排列特点分析可以看到,这个数列的奇数项与偶数项的规律是不一样的,如果用 a_n 表示第 n 项,那么可以得到:

◁ 正因为这个原因,使我们很难断定,中国古代的数学家是通过归纳得到了特殊的解,还是通过演绎得到了一般的解.我想,在很多情况下,是通过归纳得到了一般的解.

当 $n=2k-1$ 时，$a_{2k-1}=3k(k-1)+1$；

当 $n=2k$ 时，$a_{2k}=3k^2$. (3.7)

进一步，用 A_n 表示圆锥垛的层数为 $n=2k-1$ 时果实的总数，用 B_n 表示圆锥垛层数为 $n=2k$ 时果实的总数，把(3.7)代入计算，可以得到：

当 $n=2k-1$ 时，
$$A_n = 1+3+\cdots+a_{2(k-1)}+a_{2k-1}$$
$$= \frac{1}{2}k(4k^2-3k+1);$$ (3.8)

当 $n=2k$ 时，
$$B_n = 1+3+\cdots+a_{2k-1}+a_{2k}$$
$$= \frac{1}{2}k(4k^2+3k+1).$$ (3.9)

现在用《四元玉鉴》中的结果来验证上面的公式. 由 (3.7) 式可以得到 $n=15$，即 $k=8$，则 15 层有果实 $a_{15}=169$ 个；把 $k=8$ 代入(3.8)式可以得到 $A_n=932$，由此可以推测，公式(3.8)和(3.9)可能是正确的.

> 这是一个"看"出结果的过程，但结果的正确与否还需要通过"证明"来验证.

下面我们用辗转数学归纳法来证明这两个公式. 当 $n=1$ 时，$S_1=1$，公式成立显然. 假设当 $n=2k-1$ 时，公式(3.8)成立，验证当 $n+1=2k$ 时，公式(3.9)是否成立. 因为
$$B_{n+1}=A_n+a_{2k}$$

$$=\frac{1}{2}k(4k^2-3k+1)+3k^2$$

$$=\frac{1}{2}k(4k^2+3k+1),$$

则公式(3.9)成立. 但是,证明到这里并没有结束,我们还需要假设当 $n=2k$ 时,公式(3.9)成立,验证当 $n+1=2k+1=2(k+1)-1$ 时,公式(3.8)是否成立. 验证如下,因为 ◀这是利用辗转数学归纳法特殊的地方.

$$A_{n+1}=B_n+a_{2k+1}$$

$$=\frac{1}{2}k(4k^2+3k+1)+3k(k+1)+1$$

$$=\frac{1}{2}(k+1)[(4(k+1)^2-3(k+1)+1],$$

则公式(3.8)成立. 这样,我们就完成了命题的证明. 当层数为奇数时,把 $k=(n+1)/2$ 代入(3.8)式就可以得到朱世杰给出的关于层数 n 的三次方程. ◀为了直接得到那个三次方程,显然还有更为简单的方法.

通过上面的例子,我们可以给出辗转数学归纳法的模式. 用 $P(2k-1)$ 和 $Q(2k)$ 分别表示基于奇数项和偶数项的命题序列,**辗转归纳法**的推理模式为:

1. 验证命题 $P(1)$ 成立.
2. 假设命题 $P(2k-1)$ 成立,验证命题 $Q(2k)$ 成立.
3. 假设命题 $Q(2k)$ 成立,验证命题 $P(2k+1)$ 成立,即验证命题 $P[2(k+1)-1]$ 成立.

/ N 上的命题 P 和 Q 成立.

(3.10)

当然，这个方法可以推广到更一般的情况，即推广到多个命题的辗转数学归纳法，或者命题序列不是基于奇、偶数的情况. 但必须注意的是，序数的总和必须覆盖整个命题集合 N，证明程序必须是递增的. 为什么必须是递增的呢？我们来看下面的分析.

倒序数学归纳法. 数学归纳法的验证过程，序号必须是增加的吗？答案是肯定的，必须是递增的. 比如，我们考虑命题：

$$n \text{ 次多项式至多有一个根}. \tag{3.11}$$

这个命题显然是错误的，这个结论是与代数基本定理矛盾的（参见第一辑第十讲）. 可是，如果可以使用递减的数学归纳法，我们能够证明这个命题，下面尝试给出证明. 一个 n 次多项式可以写为：

$$f(x;n) = a_n x^n + \cdots + a_1 x + a_0,$$

其中 x 是未知数，系数为任意实数或者复数. 如果存在一个数 b 使得 $f(b;n)=0$，即

$$f(b;n) = a_n b^n + \cdots + a_1 b + a_0 = 0,$$

则称这个数 b 为多项式 $f(x;n)$ 的一个根. 容易验证，一次多项式 $f(x;1)$ 只有一个根. 利用递减的数学归纳法，假定 k 次多项式 $f(x;k)$ 只有一个根，其中 $k>1$，下面验证 $k-1$ 次多项式 $f(x;k-1)$ 只有一个根. 根据归纳假设，令数 b 为 k 次多项式 $f(x;k)$ 的根，那么，这个根满足 $f(b;k)=0$，于是有

$$f(x;k) = f(x;k) - f(b;k)$$

> 凭借直观，似乎用递减的方法来描述数学归纳法也是可以的，但是事实说明，这个直观是不可靠的.

$$= a_n(x^n - b^n) + \cdots + a_1(x-b).$$

因为每一项都含有因子 $(x-b)$，提取公因子可以得到

$$f(x;k) = (x-b) \cdot g(x;k-1),$$

其中 $g(x;k-1)$ 是一个 $k-1$ 次多项式. 根据归纳假设，只有数 b 可能使得上式为 0，那么，也只有数 b 可能使得 $k-1$ 次多项式 $g(x;k-1)$ 为 0. 这样就完成了命题的证明.

因为上面命题的结论明显是错误的，我们自然要怀疑证明本身的正确性. 但是，如果是一个结论并不显然的新命题，我们是判断命题正确呢，还是判断证明方法错误呢？我们能找出上述证明的逻辑错误在哪里吗？我们能找到补救方法吗？再分析下面的命题：

◁ 许多不正确的命题，再加上一些条件就可能成为正确的命题.

几何平均不大于算数平均，即对于任意给定的 n 个正数 $a_1, \cdots, a_n$，有

$$\sqrt[n]{a_1 \cdot a_2 \cdots a_n} \leqslant \frac{a_1 + \cdots + a_n}{n},$$

当且仅当 $a_1 = \cdots = a_n$ 时等号成立. \hfill (3.12)

这是著名的平均数不等式，用递减的数学归纳法证明这个不等式是方便的. 我们证明如下：

当 $n=1$ 时，命题成立显然. 假定 $n=k$ 时命题成立，其中 $k>1$，验证 $n=k-1$ 时命题是否成立. 对于任意给定的 $k-1$ 个实数 $a_1, \cdots, a_{k-1}$，令

$$a_k = \frac{1}{k-1} \cdot (a_1 + \cdots + a_{k-1}),$$

则 $\quad ka_k = a_1 + \cdots + a_{k-1} + a_k,$

$$a_k = \frac{1}{k}(a_1 + \cdots + a_k)$$

$$\geqslant \sqrt[k]{a_1 \cdot a_2 \cdots a_k}$$

▶ 这个推理为什么是正确的?

即有 $\quad (a_k)^k \geqslant a_1 \cdots a_k,$

因此,有 $(a_k)^{k-1} \geqslant a_1 \cdot a_2 \cdots a_{k-1},$

即 $\quad a_k \geqslant \sqrt[k-1]{a_1 \cdot a_2 \cdots a_{k-1}}.$

从 a_k 的定义知,这就是希望得到的结果. 可是,有命题(3.11)证明的先例,我们能够认为上面的证明是正确的吗? 如果不能确认,那么,还缺少什么呢? 事实上,只需要再增加一个条件:**验证对于任何大的正数 m 都存在 $n > m$,使得命题正确**. 这样,我们需要补充平均数不等式的证明,可以证明这样的命题:对于任意大的 2 的次方 $n = 2^k$,不等式是正确的. 证明如下:

从 $(x+y)^2 \geqslant 0$ 出发,对于任何正数 a 和 b,令 $x = \sqrt{a}$ 和 $y = \sqrt{b}$,可以验证当 $n = 2$ 时 (3.12) 式是正确的. 现在,对于任意正整数 m,假设不等式在 $n = 2^m$ 时是正确的,验证当 $n = 2^{m+1}$ 时不等式正确. 为了符号的简化和推理的清晰,我们讨论 $m = 1$ 的情况,一般的结果可以类似地得到,即讨论:假设不等式在 $n = 2$ 时是正确的,验证当 $n = 4$ 时不等式正确.

对于任意给定的四个正数 a_1, a_2, a_3, a_4,令 $b_1 = \frac{1}{2}(a_1 + a_2), b_2 = \frac{1}{2}(a_3 + a_4).$ 由归纳假设可以得到:

$$(a_1 a_2)^{\frac{1}{2}} \leqslant \frac{1}{2}(a_1 + a_2) = b_1,$$

$$(a_3a_4)^{\frac{1}{2}} \leqslant \frac{1}{2}(a_3+a_4) = b_2.$$

又因为 $\frac{1}{4}(a_1+a_2+a_3+a_4) = \frac{1}{2}(b_1+b_2)$,则

$$(a_1a_2a_3a_4)^{\frac{1}{4}} = [(a_1a_2)^{\frac{1}{2}}(a_3a_4)^{\frac{1}{2}}]^{\frac{1}{2}}$$
$$\leqslant (b_1b_2)^{\frac{1}{2}}$$
$$\leqslant \frac{1}{2}(b_1+b_2)$$
$$= \frac{1}{4}(a_1+a_2+a_3+a_4).$$

这样,我们就完成了命题(3.12)式的证明.因为,如果对于任何大的序数,都存在更大的序数使得命题成立,那么容易证明,在这个基础上的递减数学归纳法就与标准数学归纳法(3.2)是等价的,我们称这种方法为**倒序数学归纳法**.总结**倒序数学归纳法推理模式**如下:

◀ 命题(3.11)是得不到这个结论的,因为与代数基本定理矛盾.

1. 验证命题 $P(1)$ 成立.

2. 验证对于任意正整数 m,都存在 $n > m$,使得命题 $P(n)$ 成立.

3. 假设命题 $P(n)$ 成立,验证命题 $P(n-1)$ 成立.

/ N 上的命题 P 成立.

(3.13)

第四讲　具有递推关系的运算

阅读提示

在数学研究中,通过运算得到的结果是必然的,运算也属于演绎推理的范畴.

依赖于计算机的运算必须有很强的规律性,或者说有很强的一般性,因为人们不可能对于每一个问题都设计具体的计算程序.虽然计算机使用的语言可以是不同的,但各种计算机语言所遵循的计算逻辑是一样的.计算逻辑的叙述不仅要注意到基本推理,更要重视系统推理,即重视整个推理过程的语句顺序,这种逻辑方法实用于具有快速计算功能的计算机.

在实际问题中,一个普适性的方法往往是不存在的,需要我们具体问题具体分析,寻找一个针对"这个"问题合适的方法.如果一个放之四海而皆准的好方法不存在,那么我们只能退而求其次,其中最实际的方法就是"分类".也就是说,我们希望寻求一种方法,使得这个方法在尽可能大的类中是好的.以牛顿命名的计算方法,以及在这个方法基础上衍生出来的方法,是最为简捷、实用的方法.

把计算方法中的核心思想归纳出来,是可以形成思维模式的,我们称它为计算逻辑.这种思维模式的

第四讲 具有递推关系的运算

基础是:所涉及的计算方法都具有递推性.就这一点而言,计算逻辑在本质上与三段论是一致的.同时,计算逻辑的推理也是非常美妙的,非常直观的,其推理过程有时也是非常困难的.特别是,计算逻辑对书写语句的前后顺序要求非常严格,必须对逻辑过程有了整体构想之后才可以动笔书写,而这一点对于逻辑训练是非常重要的.这很可能是一种面向未来的逻辑训练,就创新思维而言,这种逻辑训练的功能要远远超过平面几何.并且,这种逻辑训练要比平面几何实用得多.

正如我们在第一辑中讨论的那样,任何一种运算都有这种运算的规则和法则,这些规则和法则在运算过程中是必须遵守的,比如,加法、作为加法逆运算的减法、作为加法简化运算的乘法、作为乘法逆运算的除法,以及与这些运算相应的交换律、结合律、分配律等等.因此,通过运算得到的结果是必然的,我们可以认为**运算也属于演绎推理**的范畴.除了上面提到的四则运算以外,还有一种运算是非常重要的,那就是极限运算.微分运算和积分运算都是极限运算的经典范例,我们曾经在第一辑用很大的篇幅讨论过这个问题.

◀在这个意义上,通过计算得到结果也属于证明.

就具体运算而言,似乎是一题一解,千变万化,无法阐述运算的推理模式,事实上,一个好的运算其规律性还是存在的,甚至运算模式也是存在的.回顾我们关于代数的讨论(参见第一辑第三讲),在韦达之

> 关于一元三次方程 $x^3-px+q=0$ 也有著名的卡当公式.
>
> 求解个案问题表现的是技巧,而得到规律性表现的是技能.数学教育需要培养技巧,但是更重要的是培养技能.

前,人们还是个案地求解一元二次方程,后来韦达发现了一元二次方程根与系数的关系,给出了一般的公式.到了现代,由于计算机和信息技术的飞速发展,对于运算特别是大规模运算的问题,人们几乎完全依赖计算机了.很显然,**依赖于计算机的运算必须有很强的规律性**,或者说有很强的一般性,因为人们是不可能对于每一个问题都设计具体的计算程序的.下面通过计算机的发展过程分析计算机是如何进行计算的.

§4.1 电子计算机的出现

第一台能够真正运算的电子计算机是 ENIAC (Electronic Numerical Integrator and Computer),诞生于 1945 年,这台电子计算机的研制与军事有关.在第二次世界大战期间,美国阿伯丁弹道研究实验室[①]要为陆军提供火力表,每张表要计算几百个弹道.可是,使用当时的机械台式计算机,最熟练的计算员计算一个弹道至少也需要一天的时间,于是阿伯丁弹道研究实验室聘用了 200 多名计算员不间断地进行运算.为了解决快速计算问题,在数学家、阿伯丁弹道研究实验室科学顾问、普林斯顿高等研究院数学院的创始人韦布伦(O. Veblen,1880~1960)的鼎力支持下,

---

① 在美国马里兰州.

第四讲 具有递推关系的运算

实验室与宾夕法尼亚大学莫尔学院组成小组,研究基于电子管的电子计算机,于 1945 年研制成功第一台计算机.这台计算机是一个庞然大物,用了 17468 个电子管[①],占地面积 170 平方米,总重量达 30 吨,而且在运行过程中经常会因为电子管被烧坏而中断运算.电子管计算机之庞大是现在的年轻人很难想象的,1975 年当我还是一名大学生的时候,东北师范大学数学系就曾经有过一台 130 型电子管计算机,占据着两个房间.我曾用这台计算机计算过天气预报问题,在那个闷热的计算机房,通过打孔的纸带输入程序,操作计算机的教师不时地调换被烧坏的电子管,经过一个多月日以继夜的计算才得到所需要的结果.同样的计算,如果用现在通用的 PC 机,大概只需要几分钟的时间.

◀一个重大成果的开始,往往都是粗糙的,无论是产品的成果,还是理论的成果.

第一台计算机 ENIAC 最大的问题是没有关于计算程序的记忆功能,也就是现在常说的计算程序的储存功能.这样,不仅每一次计算都要从头开始设定程序,而且每一次计算都是一个没有一般性的个案.可以想象,这样的计算机充其量就是一个快速拨打的算盘,根本没有体现出人脑的功能,因此,这样的计算机还不能称其为自动计算机.事实上,在电子计算机出现之前,英国数学家图灵(A. Turing,1912~1954)就深入地思考了可以制作一个具有逻辑储存功能的计算机,他于 1936

◀由此可以设想人类大脑的构造和功能,进而设想教育的功能.详细的讨论参见第四辑.

◀有许多问题是可以理论先行的,这就需要人们的想象能力.

---

① 参见:孙燕群,刘伟主编.计算机史话[M].青岛:中国海洋大学出版社,2003:35.

年发表论文论证了[①]:事先建立程序指令,然后通过识别和控制两个装置实现自动计算的可能性.为了纪念图灵的贡献,美国计算机学会设立了"图灵奖",这个奖已经成为全世界计算机领域的最高奖项.

但是,真正实现计算机自动计算的是美国数学家冯·诺依曼[②](J. von Neumann,1903～1957).一个非常偶然的机会,使得冯·诺依曼参与到计算机的研制工作.1944年的一个夏日,在阿伯丁火车站,参与设计ENIAC的、阿伯丁弹道研究实验室的戈德斯坦(H. Goldstine)中尉发现冯·诺依曼也在等车,在交谈中他向冯·诺依曼谈到了使他们非常困惑的上述问题,引发了冯·诺依曼极大的兴趣.他们后来成立了一个研究小组,深入地分析了计算机的逻辑控制问题,通过语言到符号的转换,实现了计算机的逻辑功能,因而实现了计算机运算的自动功能.他们于1945年提出了有名的通用电子计算机方案EDVAC(Electronic Discrete Variable Automatic Computer).因为这个方案报告共有101页,因此也被称为"101页报告",这是电子计算机发展中具有里程碑意义的文献.新的具有

> 世界上,有许多重大成果的出现往往表现于偶然性.

---

① Turing, A., *On Computer Numbers, With an Application to the Entscheidungsproblem*, Proceedings of the London Mathematical Society, Series 2, 1936(42):230～265.

② 冯·诺依曼(John Von Neuman,1903～1957),美籍匈牙利人.美国国家科学院、秘鲁国立自然科学院和意大利国立林琴(Lincei)学院等院的院士.1954年他任美国原子能委员会委员;1951年至1953年任美国数学会主席.冯·诺依曼对人类的最大贡献是对计算机科学、计算机技术、数值分析和经济学中的博弈论的开拓性工作.在格论、连续几何、理论物理、动力学、连续介质力学、气象计算、原子能和经济学领域都做过重要的工作.他的精髓贡献是两点:二进制思想与程序内存思想.冯·诺依曼逝世后,未完成的手稿于1958年以《计算机与人脑》为名出版.他的主要著作收集在六卷《冯·诺依曼全集》中,1961年出版.

第四讲　具有递推关系的运算

逻辑功能的 EDVAC 计算机诞生于 1952 年.

　　这种新型的计算机由五个部分构成：CA（计算器）；CC（逻辑控制装置）；M（储存器）；I（输入）；O（输出）. 在这个框架的基础上，还有两个重要理念：第一个理念是使用二进制. 我们曾在第一辑第二讲中讨论过，用二进制与用十进制得到的结果是可以相互转换的，对于电路控制而言，用二进制更为方便. 关于这一点，冯·诺依曼谈道[①]：

◁ 注意到新加入的逻辑控制装置和储存器.

　　数字运算和逻辑特性，在二进制系统中显得更加清楚（与十进制比较）. 二进制的加法表（$0+0=00$，$0+1=1+0=01$，$1+1=10$）可以表述如下：如果两个相加的数字不同，其和数字为 1；如果两个相加数字相同，其和为 0. 而且，如果两个相加数字都是 1 时，其进位数字为 1；如果两个相加数字都是 0 时，其进位数字为 0.

◁ 这种规定符合电路并联的规律：

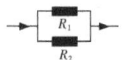

即 1 相当于"闭"，0 相当于"开"，当且仅当 R_1、R_2 全部开（即断开）线路是"开"的，其他三种情形都是"闭"（即通）的.

这样，在加法的基础上，就可以构建其他的运算，就像我们在第一辑中所讨论过的那样. 二进制的使用大大地加快了计算机的计算速度.

　　第二个理念是利用储存功能加入逻辑语言. 有了逻辑语言，计算机在运行的过程中就可能自动地从一个程序指令进入到下一个程序指令. 冯·诺依曼是从人的神经系统出发思考这个问题的，他在同一本书中

---

① 参见：[美]冯·诺依曼著. 计算机和人脑[M]. 甘子玉译. 北京：商务印书馆，1979：7～9.

> 无论是在什么时候,逻辑信息的传递都是重要的,因此在数学教育的过程中,应当注意到在计算和证明背后所需要的逻辑.

说道[①]:

我曾经指出,神经系统是基于两种类型的通讯方式的.一种是不包含算术形式体系的,一种是算术形式的.这就是说:一种是指令的通讯(逻辑的通讯),一种是数字的通讯(算术的通讯).前者可以用语言叙述,而后者则是数学的叙述.

上述基本框架和基本理念不仅构成了 EDVAC 计算机的基础,**也构成了现代计算机的基础**.从此之后,1957 年晶体管、1964 年集成电路、1971 年超大规模集成电路计算机的相继问世,使得计算机科学和信息科学得到了飞速的发展,但是,基本设计思路还是冯·诺依曼的,也正因为如此,人们称冯·诺依曼为计算机之父.

虽然我们说过,从加法运算可以过渡到复杂运算,但是这个过程本身也是非常复杂的,其中需要涉及一些运算逻辑模式,正如冯·诺依曼所说[②]:

除了进行基本运算的能力外,一个计算机必须能够按照一定的序列,或者不如说按照逻辑模式来进行计算,以便取得数学问题的解答和我们进行笔算达到

---

① 参见:[美]冯·诺依曼著.计算机和人脑[M].甘子玉译.北京:商务印书馆,1979:59.
② 参见:[美]冯·诺依曼著.计算机和人脑[M].甘子玉译.北京:商务印书馆,1979:9.

的目的相同.

下面我们分析计算机通常使用的逻辑模式,借助冯·诺依曼的说法,我们称这样的逻辑模式为**计算逻辑**.我们将会看到,这是一种人们可以想到的但通过手工操作无法实现的、重复而枯燥的、关于计算的逻辑过程,但是这种逻辑过程是最为规范和系统的,这种逻辑方法恰恰适用于具有快速计算功能的计算机.

◀ 从现在开始,我们分析计算过程中所涉及的逻辑.

§4.2 二分法与优选法

我们先举例说明计算逻辑.对于给定的函数 $f(x)$,如果我们知道 $f(x)=0$ 在一个区间 $[a,b]$ 上有解,那么,不通过求解公式而只通过对于函数的数值计算是否能找到这个解呢?或者是否能找到近似的解呢?答案是肯定的.我们知道,这个问题是非常有意义的,因为在实际问题中,往往是得不到求解公式的,只能用近似解来代替真解.在一般情况下,设这个真解为 x_0,如果我们找到一个近似解为 x^*,使得 $|x^* - x_0| \leqslant 10^{-n}$,则称 x^* 是精确到 10^{-n} 的近似解.我们计算一个具体的例子,从中抽象出一种求近似解的方法.

◀ 在这个意义下,求解公式也不具有一般性了.

设函数 $f(x)=x^2+x-1$,容易验证 $f(0)=-1<$

$0, f(1)=1>0$,因此在区间$[a,b]\equiv[0,1]$之间$f(x)=0$有解,设这个解为x_0,求精确到10^{-2}的近似解.求数值解的方法如下:

第 1 个近似解为 $x(1)=\dfrac{1-0}{2}=\dfrac{1}{2}$.因为 $f\left(\dfrac{1}{2}\right)=-\dfrac{1}{4}<0$,解在$\left[\dfrac{1}{2},1\right]$之间;

第 2 个近似解为 $x(2)=\dfrac{1}{2}+\left(1-\dfrac{1}{2}\right)\div 2=\dfrac{3}{4}$.因为 $f\left(\dfrac{3}{4}\right)=\dfrac{5}{16}>0$,解在$\left[\dfrac{1}{2},\dfrac{3}{4}\right]$之间;

第 3 个近似解为 $x(3)=\dfrac{1}{2}+\left(\dfrac{3}{4}-\dfrac{1}{2}\right)\div 2=\dfrac{5}{8}$.因为 $f\left(\dfrac{5}{8}\right)=\dfrac{1}{64}>0$,解在$\left[\dfrac{1}{2},\dfrac{5}{8}\right]$之间;

第 4 个近似解为 $x(4)=\dfrac{1}{2}+\left(\dfrac{5}{8}-\dfrac{1}{2}\right)\div 2=\dfrac{9}{16}$.因为 $f\left(\dfrac{9}{16}\right)=-\dfrac{31}{256}<0$,解在$\left[\dfrac{9}{16},\dfrac{5}{8}\right]$之间;

第 5 个近似解为 $x(5)=\dfrac{9}{16}+\left(\dfrac{5}{8}-\dfrac{9}{16}\right)\div 2=\dfrac{19}{32}$.因为 $f\left(\dfrac{19}{32}\right)=-\dfrac{55}{1024}<0$,解在$\left[\dfrac{19}{32},\dfrac{5}{8}\right]$之间;

第 6 个近似解为 $x(6)=\dfrac{19}{32}+\left(\dfrac{5}{8}-\dfrac{19}{32}\right)\div 2=\dfrac{39}{64}$.因为 $f\left(\dfrac{39}{64}\right)=-\dfrac{79}{4096}<0$,解在$\left[\dfrac{39}{64},\dfrac{5}{8}\right]$之间;

第 7 个近似解为 $x(7) = \frac{39}{64} + \left(\frac{5}{8} - \frac{39}{64}\right) \div 2 = \frac{79}{128}$. 因为 $f\left(\frac{79}{128}\right) = -\frac{31}{16384} < 0$, 解在 $\left[\frac{79}{128}, \frac{5}{8}\right]$ 之间.

这个计算过程的图形解释可以参见图 4 - 1. 可以

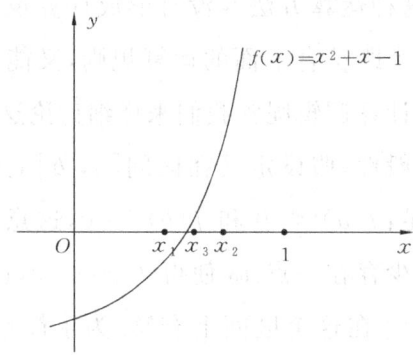

图 4 - 1 二分法的图形解释

看到,每一次求解的过程都是逐渐接近真实的解的过程,因此,虽然我们并不知道真实的解是多少,但因为

$$|x(7) - x_0| \leqslant \frac{5}{8} - \frac{79}{128} = \frac{1}{128} < 10^{-2},$$

已经满足了精度的要求,我们可以停止计算,并且令所求的近似解为

$$x^* = x(7) = \frac{79}{128} \approx 0.617.$$

容易从上面的计算过程中抽象出求近似解的规律:每次的近似解都是前一个区间的中点. 因此,人们称这种求解的方法为**二分法**. 二分法看似笨拙,事实上是

行之有效的,因为二分法的求解规律简捷,可以任意地接近真解,并且计算近似精度也非常简单.但是,我们上面叙述的求解方法有一个致命的弱点,那就是,不知道前一步的计算结果就无法进行下一步的运算,这样的方法是无法利用计算机进行自动计算的,因为在本质上,这种运算方法并没有形成计算逻辑.那么,如何给出一个既符合上面的运算规则,又能让计算机自动运算的计算逻辑呢?我们来详细讨论这个问题.

> 如何把个案变为一般呢?这就需要抽象出个案计算中的计算逻辑.

不失一般性,假设定义在区间$[a,b]$上的连续函数$f(x)$满足:$f(a)<0$和$f(b)>0$,这意味着在这个区间上至少存在一点x_0使得$f(x_0)=0$,也就是说,方程$f(x)=0$在这个区间上有解.为了简单起见,假设方程在这个区间只有一个解.如下面的叙述所示,给出一般情况下的**二分法的计算逻辑**.

> 把计算逻辑抽象出来,反而使表述更加清晰、简捷了.许多问题都是这样,更加一般的表述反而简单了.

输入 $f(x),a,b,n$.

1. 计算 $c=a+\dfrac{1}{2}(a+b)$.

2. 如果 $|c-a|\leqslant 10^{-n}$,到指令7.否则

3. 计算 $f(c)$.

4. 如果 $f(c)<0$,令 $a=c$.否则

5. 令 $b=c$.

6. 回到指令1.

7. 令 $x^*=c$.停止.

输出 x^*.

第四讲　具有递推关系的运算

我们没用正规的计算机语言进行表述,因为我们表述的是计算逻辑,**虽然计算机使用的语言可以是不同的,但各种计算机语言所遵循的计算逻辑是一样的**.可以看到,遵循上面的计算逻辑就可以实现我们的目的:借助固定的、有限步指令,实现各种变化的、各种精度要求的自动运算.正因为这种运算程序具有一般性,因此,这种计算逻辑的实用性是毋庸置疑的.其次,如果仔细分析上述逻辑的叙述过程可以发现,这种逻辑叙述不仅要注意到基本推理,更要重视**系统推理**,即重视整个推理过程的语句顺序,比如:

利用一个可以不断更替的过渡符号 c,在每一次运算后更替区间的端点 a 或者 b,这样就解决了反复迭代运算的问题,也就解决了自动运算的问题;

◀ 用过渡符号代替反复运算,这是运算逻辑的核心思想.

第 2 个指令是停止运算的指令,在通常的运算中似乎应当在运算之后,但从系统推理的角度考虑,还是把这个指令作为第 2 个指令,然后用"否则"转到第 3 个指令是最合适的.

很显然,一个算法的好坏是与计算次数有关的,在同样精度的要求下,计算次数越少越好(在本质上,是计算时间越少越好).如果用 m 表示计算次数,那么,在上面的计算逻辑中,在哪里、加上什么样的语句,就可以使得计算逻辑自动记录计算次数呢?我们

可以这样设计:

输入 $f(x), a, b, n$.

1. 令 $m=0$.
2. $m=m+1$.
3. 计算 $c=a+\frac{1}{2}(a+b)$.
4. 如果 $|c-a| \leqslant 10^{-n}$, 到指令 9. 否则
5. 计算 $f(c)$.
6. 如果 $f(c) < 0$, 令 $a=c$. 否则
7. 令 $b=c$.
8. 回到指令 2.
9. 令 $x^*=c$. 停止.

输出 x^*, m.

▶ 从中也可以体会出计算逻辑的巧妙之处.

上面的计算逻辑,在原来的基础上又加上了更替符号 m 来代表计算次数. 读者可以自己思考,把计算次数 m 放在指令 1 和指令 2 的道理.

二分法不仅是一个求解的方法,还可以用于**实验设计**. 比如,我们研制一种新的点心,要确定放多少糖比较合适,如果以口感好为评价标准,应当如何确定糖的比例呢? 显然,这是无法进行理论推理的问题,只能通过试验得到合适的结果. 假定我们已经知道最合适的用糖比例在区间 $[a, b]$ 之中,用 $f(x)$ 表示用糖比例为 x 时的口感评价值. 如果认定评价值越大越好,那么,我们的问题就可以转化为求 $f(x)$ 在 $[a, b]$

上的最大值.

因为无法给出 $f(x)$ 的具体表达式,我们只能用数值计算的方法求解. 一个最简单的方法,可以在这个区间中任意取一些点,比如取 $x_1,\cdots,x_n$,在这些点做试验,通过尝试可以得到 $f(x_1),\cdots,f(x_n)$,然后取这些数值中最大的作为最大值的近似值,比如这个近似值为 $f(x_m)$,那么,最合适的用糖比例就可以定在 x_m 的附近. 可以想象,只要我们取的点足够多,是可以得到较好的近似值的. 但是,对于这样的一类问题,人们不仅要得到近似值,还希望试验的次数尽可能的少,因为安排试验是需要经费和人力的. 一个简单易行的改进方法是分数法,可以认为分数法是二分法的推广,事实上,这些方法都与黄金分割有关.

◀ 虽然给不出具体的表达式,但仍然是一种函数关系.

§4.3 黄金分割

分数法在本质上是一种对称的方法[①]. 在这里,我们通过讨论研制点心的问题来说明分数法,我们需要在给定的区间内选定一些点,在这些点上安排试验. **分数法每次选两个点**,这两个点关于区间 $[a,b]$ 中心点是对称的. 具体表示如下:

◀ 比较二分法,分数法的优点是什么呢? 缺点又是什么呢?

---

① 这里所说的分数法与传统的分数法是有所区别的,传统的分数法是建立在斐波那契数列的基础上的,参见:中国科学院数学研究所运筹室编. 优选法[M]. 北京:科学出版社,1978:9~11. 也可参见这一节的最后部分讨论的斐波那契数列.

$$x_1 = a + p(b-a), \quad x_2 = a + b - x_1,$$

其中 p 为给定的分数,通常取 $p=1/3$,称这种方法为分数法. 因为区间的中心点为 $x_0 = a + (b-a)/2$,当 $p<1/2$ 时,容易得到:

$$a < x_1 < x_0 < x_2 < b, \quad x_2 - x_0 = x_0 - x_1,$$

所以,这两个点是关于中心点对称的,如图 4-2 所示.

图 4-2 线段分割示意图

> 这样的操作要求函数是单峰的,也就是越接近合适点函数值越大. 这样的要求合理吗?

在两个选定的点上安排试验,如果得到 $f(x_1) < f(x_2)$,则认为合适点即合适的糖的比例在 x_1 和 b 之间,用 x_1 代替 a;否则,则认为合适点在 a 和 x_2 之间,用 x_2 代替 b. 然后,在新构建的区间上重复上面的操作. 显然,这样的操作是可以持续做下去的,最终可以得到满意的结果.

许多学者,比如华罗庚[①](1910~1985)推荐在上述方法中取 $p=1-0.618=0.382$,并且称这样的方法为优选法. 其中 0.618 是一个很重要的数,这个数是

---

① 华罗庚(1910~1985),男,江苏省金坛县人,中国数学家、数学教育家;中国科学院院士,美国科学院外籍院士,曾任中国科学院数学研究所所长. 华罗庚在国际数学界享有盛誉,为中国当代数学发展及其应用作出重大贡献. 他在多复变函数、数论、代数及应用数学等研究领域取得了杰出成果,有许多定理、引理、不等式、算子与方法以他的名字命名.

第四讲　具有递推关系的运算

我们曾经讨论过的方程

$$x^2+x-1=0 \tag{4.1}$$

的一个近似解. 从求根公式知道, 这个方程的正解为 $(\sqrt{5}-1)/2$, 这个解是一个无理数, 可以表示为 $0.618033988\cdots$, 因此近似值为 0.618. 这个数就是大名鼎鼎的黄金分割数. 我们来分析这个方程的意义.

◀每一个著名的方程, 都是有其实际意义的, 这样的方程构建了模型.

考虑按比例把一条线段分为两个部分的问题. 不失一般性, 令线段的长度为 1, 分为两部分中有一部分为 x, 那么另一部分就是 $1-x$. 据说, 古希腊柏拉图学派的欧多克索斯(Eudoxus, 约前 400~前 347)研究过这个问题①. 正如我们在第二辑中介绍过的那样, 欧多克索斯深入地研究过线段的比例问题, 许多研究专家分析, 欧几里得《几何原本》中的第 Ⅴ 卷和第 Ⅻ 卷的主要内容就是取材于欧多克索斯的研究. 欧多克索斯认为, 如果线段的长度之间满足下面的比例, 那么得到的线段分割是最完美的, 并称其为黄金分割(Golden Section). 这个比例为:

$$x : 1 = (1-x) : x.$$

根据这个比例容易得到方程 (4.1), 因此方程的解就是黄金分割的比例, 容易验证

$$\frac{\sqrt{5}-1}{2} : 1 = \left(1-\frac{\sqrt{5}-1}{2}\right) : \frac{\sqrt{5}-1}{2},$$

◀在这里, 好的标准只是一个直观的感觉, 如果把这种感觉抽象为数学表达, 则形成了原理.

---

① 参见:梁宗巨著.世界数学通史·上册[M].沈阳:辽宁出版社,2001:276~280.

是满足黄金分割的要求的.人们经常把黄金分割的原理用于造型艺术设计,比如艺术品长与宽的比例;建筑物上线段的比例,门窗长与宽的比例,等等.画家达·芬奇(Leonardo de Vinci,1452～1519)在他的绘画中不仅使用了投影的方法,也较多地使用了黄金分割,据说他的名画《蒙娜丽莎》中的脸就符合黄金分割的原理.

数值0.618还与一个重要的数列极限有关.意大利数学家斐波那契(L. Fibonacci,1170～1250)曾经周游地中海沿岸诸国,我们在第一辑第一讲中曾经介绍过,他回国后于1202年出版《算经》一书,把印度的十进制的计数方法介绍给了欧洲.事实上,1228年他在《算经》的修订本中又加上了下面的"兔子问题":

某人在一处有围墙的地方养了一对兔子,假定每对兔子每月生一对小兔,而出生后两个月就能生育.问从这对兔子开始,一年内能繁殖多少对兔子?

> 把一个问题很好地数学表达是需要抽象的.

如果把这个问题一般化,就形成了著名的"斐波那契数列":

1,1,2,3,5,8,13,21,34,55,89,144,…

下面,我们来分析斐波那契数列.如果用 $h(n)$ 表示上述数列的第 n 项,那么这个数列的通项公式可以表示为:

$h(n)=h(n-1)+h(n-2).$

非常有趣的是,这个数列前后两项比值的极限近似为

第四讲 具有递推关系的运算

0.618,即当 $n \to \infty$ 时,极限 $a = \lim \dfrac{h(n-1)}{h(n)}$ 存在并且近似值为 0.618. 我们来证明这个结果. 因为可以认为:当 $n \to \infty$ 时,$\lim \dfrac{h(n-1)}{h(n)} = \lim \dfrac{h(n-2)}{h(n-1)} = a$. 在通项公式的等号两边同时除以 $h(n-1)$ 后取极限,可以得到: $\dfrac{1}{a} = 1 + a$,这正是方程(4.1)的形式,于是就得到了我们所要的结论.

与任意取点安排试验的方法比较,分数法或者优选法是一种有目的选点的方法,这样的方法,在同样的精度下,可以减少试验次数,因此可以减少经费和人力. 或者说,在同样的试验次数下,可以提高试验的精度. 但是,利用分数法安排试验,每次试验之前必须知道上一次试验的结果,这样在整体上就可能会延长试验的时间. 由此可见,在实际问题中一个普遍好的方法往往是不存在的,需要我们具体问题具体分析,寻找一个针对"这个"问题合适的方法. 从哲学层面考虑,似乎"具体问题具体分析"有悖于数学强调的"普适性". 事实并不是这样,如果一个放之四海而皆准的好方法不存在,那么我们只能退而求其次,而退而求其次中最好的方法就是"分类". 也就是说,我们希望寻求一种方法,使得这个方法在尽可能大的类中是好的. 比如我们上面讨论的问题,如果不突出强调时间,那么可以用分数法;如果突出强调时间,那么可以用任意取点的方法. 当然,还可以根据问题的背景创造新的方法,比如分批试验的方法,逐步随机试验的方

◀ 在实际问题中是需要具体问题具体分析的,这样就构建了各种各样的模型. 因此,模型就是那些利用数学表达的故事.

法等等.

§4.4 牛 顿 法

如上一节讨论的那样,在日常生活和生产实践中,许多求"最好"的问题往往可以归结为求"最大"的问题,而大多数求"最大"的问题都可以借助"递推"的计算方法.也就是说,大多数求"最大"的问题都可以借助"模式"化的计算方法.实践证明,以牛顿(Isaac Newton,1642~1727)命名的计算方法,以及在这个方法基础上衍生出来的方法,是最为简捷、最为实用的方法.我们来分析这种方法,从中体会"递推"的功效.

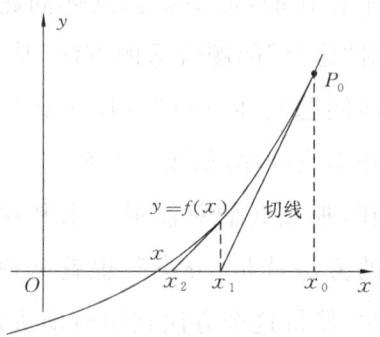

图4-3 牛顿法求方程解示意图

我们先讨论方程$f(x)=0$求解的问题.如图4-3所示,牛顿法在本质上是一种利用切线的方法,我们

第四讲 具有递推关系的运算

在第一辑第六讲中曾经讨论过,函数在某一点的切线斜率可以用导数表示,因此,牛顿法只实用于可以求导的函数.下面我们来分析牛顿法的核心思想以及建立在牛顿法上的计算逻辑.

◀牛顿法是利用导数的递推方法.

根据导数的定义我们知道,导数是平均变化率的极限,如果用 $f'(x)$ 表示函数 $f(x)$ 的导数,那么函数在 x_0 处的导数可以表示为:

$$f'(x_0) = \lim_{x \to x_0} \frac{f(x) - f(x_0)}{x - x_0},$$

如果 $f(x)=0$,则通过上式可以近似得到:

$$f(x_0) + f'(x_0)[x - x_0] = 0;$$

由上式又可以得到方程的解为:

$$x = x_0 - \frac{f(x_0)}{f'(x_0)}. \tag{4.2}$$

这就是牛顿法的**基本算式**. 因为等号的右边都是基于给定的数,是可以具体计算出数值的,因此可以用这个具体计算出的数值作为下一步计算的点,构建下面的计算逻辑:

输入 $f(x), a, n$.

1. 计算 $f(a)$.
2. 计算 $f'(a)$.
3. 计算 $c = a - \dfrac{f(a)}{f'(a)}$.
4. 如果 $|c - a| \leqslant 10^{-n}$,到指令 7. 否则

5. 令 $a = c$.
6. 回到指令1.
7. 令 $x^* = c$. 停止.
   输出 $x^*, f(x^*)$.

其中,输入中的 a 是一个最初给定的数,通常称其为初始值,或者初值.可以看到,上述计算逻辑的核心就在于不断地更新初值.还可以看到,这个计算逻辑是非常美妙的,把一个复杂的问题抽象得非常简捷,耐人寻味.特别是这个算法收敛的速度非常快,用牛顿法再次计算方程(4.1),用 $x(n)$ 表示第 n 次的计算结果,可以得到:

> 通过计算逻辑想象出具体的计算过程是训练逻辑思维的有效途径.

$x(0) = 1$

$x(1) = 0.619047619047 63$

$x(2) = 0.618034447821 68$

$x(3) = 0.618033988749 99$

$x(4) = 0.618039988749 89$

$x(5) = 0.618039988749 89$

可以看到,如果初值为1,第二步就到达了0.618,这比用二分法速度要快得多.

> 问题似乎是不同的,但本质却是一样的,能够在不同的问题中看出共性,才可能实现"举一反三".

现在,我们讨论求最大值的问题.关于最大值问题,内容是丰富多彩的,比如,我们研究炮弹的运行轨迹,那么,根据研究的目的不同,最大值的含义也可以不同:最大值可以是炮弹最高的值,也可以是炮弹最远的值,因为这些值都与炮弹发射后的时间 t 有关,所以研究的基础是时间的函数 $f(t)$. 在通常情况下,可以构建时间 t 的参数方程:横坐标为 $x(t)$,纵坐标为 $y(t)$;如果注意到炮弹的运行轨迹又与发射的角度有关,那么,通过最大值可以研究炮弹以多大的角度可能发射的最远,这时研究的基础将是一个二元函数 $f(t,s)$,其中 s 为发射角度. 在这样的问题中,称为达到研究目标而设定的函数为**目标函数**,可以利用牛顿法来求目标函数的最大值.

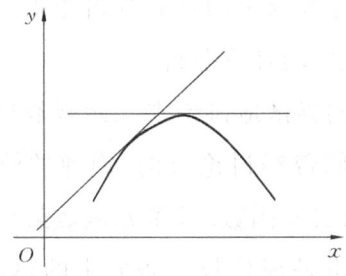

图 4 - 4 牛顿法求最大值示意图

如图 4 - 4 所示,一个连续函数如果存在最大值,那么,这个函数在最大值点的切线必然与横坐标平行,也就是说,这个函数在这一点的导数为 0,这启发我们可以利用牛顿法来求函数的最大值. 一般情况下,函数的导数也是一个函数,我们称其为一阶导数. 如果用 $f'(x)$ 表示目标函数 $f(x)$ 的一阶导数,则求最大值点等价于求方程

$$f'(x)=0$$

的解. 回忆关于牛顿法的讨论,现在,在计算的过程中我们需要利用一阶导函数的导数,称其为二阶导函

◀ 这个启发是重要的,这个启发构建了一类问题的核心.

数,表示为 $f''(x)$,那么参照(4.2)式可以得到求最大值的基础算式:

$$x = x_0 - \frac{f'(x_0)}{f''(x_0)}. \tag{4.3}$$

类似地,通过基本算式(4.3)可以构建求最大值的计算逻辑,我们就不详细讨论了,有兴趣的读者可以发现,只需要对方程求解的计算逻辑作很小的修改就可以得到求最大值的计算逻辑.

下面,我们尝试地讨论求二元函数最大值的计算逻辑,比如我们曾经讨论过的,炮弹的轨迹就可以是时间和角度的二元函数.求多元函数最大值的问题是非常困难的,也是现代数学研究中的热门话题,人们创造了许多适于计算机的求最大值的计算方法.受辗转数学归纳法论证模式的启发,是否可以在二元函数的两个变量之间构建一个辗转交替的计算逻辑呢?我们分析如下.

> 虽然问题越来越复杂,但核心思想是一致的.

用 $f(x,y)$ 表示一个二元函数.我们知道,对于任意固定 $x=a$,函数 $f(a,y)$ 就是变量 y 的一元函数;同样,对于任意固定 $y=b$,$f(x,b)$ 就是变量 x 的一元函数.因为已经论证了,通过牛顿法可以得到一元函数的最大值,为了讨论问题的方便,称这种方法为 NT 算法.这样,我们就可以构建一个利用 NT 算法的辗转交替的计算逻辑:

> 通常称这种把问题转化为已知情况的方法为递归.

第四讲 具有递推关系的运算

输入 $f(x,y), a, b, n$.

1. 令 $m=0$.

2. 令 $x(m)=a, y(m)=b$.

3. 利用 NT 算法计算 $f(x(m),y)$,得到 y_0.

4. 利用 NT 算法计算 $f(x,y_0)$,得到 x_0.

5. 如果 $|x_0-x(m)|+|y_0-y(m)|\leqslant 10^{-n}$,到指令 9. 否则

6. 令 $m=m+1$.

7. 令 $x(m)=x_0, y(m)=y_0$.

8. 回到指令 3.

9. 停止.

输出 $x_0, y_0, f(x_0,y_0), m$.

通过上面的辗转交替的计算逻辑,我们将得到一个由二维向量构成的数列:

$x(1),x(2),\cdots$

$y(1),y(2),\cdots$

现在的问题是,这样得到的二维向量的点列能收敛吗？也就是说,这样的辗转运算最终必然会得到所需要的结果吗？答案是肯定的,只要函数 $f(x,y)$ 满足一些比较弱的条件,那么上述点列必然收敛,当然,这个证明是相当繁琐的[①]. 通过这个例子也可以看到,借助递推关系所构建的计算逻辑不仅可以作用于一个

◀ 在许多情况下,研究计算方法的性质是非常困难的.

---

① 参见：Shi Ning-Zhong, et al., *An Alternative Iterative Method and Its Application in Statistical Inference*, Acta Mathematical Sinica, English Series, 2008(24), No. 5：843~856.

变量，也可以作用于几个变量之间.

我们通过一些具体问题介绍了计算逻辑. 我不知道在其他书中是否也提到过计算逻辑，因为在通常情况下，人们称讨论计算原理的学科为计算方法. 在这里之所以称其为计算逻辑，是因为我想强调的是，如果把计算方法中的核心思想归纳出来，是可以形成思维模式的，姑且称其为计算逻辑. 可以看到**这个思维模式的基础是：所涉及的计算方法都具有递推性**，就这一点而言，计算逻辑在本质上与我们曾经分析过的三段论是一致的. 同时，通过上面的讨论也可以看到，计算逻辑的推理也是非常美妙的，是非常直观的，其推理过程有时也是非常困难的；特别是，计算逻辑对书写语句的前后顺序要求非常严格，必须对逻辑过程有了整体构想之后才可以动笔书写，而这一点对于逻辑训练是非常重要的. 通过计算逻辑得到的结果是必然的，因此**计算逻辑属于演绎推理的范畴**. 因此我想，在我们的数学教学中，特别是在高中数学的教学中，是否也应当让学生们知道这种建立在计算基础上的逻辑推理模式，这不仅对于学生将来使用、研究计算机很重要，同时，这将是一种很好的逻辑训练，很可能这是一种面向未来的逻辑训练. 就创新思维而言，这种逻辑训练的功能要远远超过平面几何，并且，这种逻辑训练要比平面几何实用得多.

> 我们能够从计算逻辑中感悟出数学的美吗？这个美不是表象的，这个美表现在逻辑之中.

第五讲 现代数学基础:集合论

阅读提示

集合论的任务就是以最为简单的方式来研究数、序和函数等基本概念,并借此建立整个算术和分析的逻辑基础,集合论已经成为现代数学的基础.

如果说欧几里得几何体系,或者后来的希尔伯特几何公理化体系是为了更好地研究"图形和图形关系",那么,集合论公理化系统则是为了更好地研究"数量和数量关系".

集合是由元素唯一确定的,元素与集合之间存在属于关系.在数学教学,特别是在中学数学的教学过程中,应当先用一些例子从各个角度对集合建立直观认识,在直观认识的基础上抽象出上面谈到的,建立集合必须确认的两个最少条件,然后再进行符号抽象.

现在通用的集合论公理化系统的基础是策梅罗1908年给出的,后经弗兰克尔少量修改,人们称这个集合论公理化系统为 ZF 系统.

在 ZF 系统中,选择公理是不能忽视的,不接受选择公理会使数学家们举步维艰,许多需要选择公理才可能证明的定理,已经成为现代分析学、拓扑学、抽象代数、超限数理论以及其他一些相关研究领域的基础性定理.但是,没有选择公理的 ZF 系统也是成立的.

集合论之所以能够成为现代数学的基础,是因为现代数学从有限走向无限、从定量走向变量、从四则运算走向极限运算,这就不能不涉及对于包括实数在内的无穷量的定义和性质研究,而这些恰恰是集合论的核心内容.

▶ 一个合适的话语系统,对于任何研究都是重要的,特别是对于严格的数学研究.

在前面的讨论中,我们已经在很多场合涉及集合的概念,并且利用集合的语言来论证问题,我们可以体会到,利用集合的语言来论证问题是非常方便的.在这一讲,我们将集中讨论集合的含义、性质,讨论集合论公理系统,以及与这些内容有关的一些问题.如果说欧几里得几何体系,或者后来的希尔伯特几何公理化体系是为了更好地研究"图形和图形关系",那么,这一讲将要讨论的集合论公理化系统则是为了更好地研究"数量和数量关系".但是,与几何公理体系不同的是,集合论本身的研究也成为了数学的一个研究领域,这是因为抽象了的"数"远远要比抽象了的"图"更加便捷,更具有一般性,因而问题的研究也更加深刻.正如我们在第一辑的最后部分所说,"数"特

▶ 现代许多信息的储存与传递都利用了数字技术.

别是"数据"几乎可以成为任何信息的载体.

第五讲　现代数学基础：集合论

§5.1　集合的定义

现代意义上的集合概念是德国数学家康托[①](G. Cantor, 1845～1918)给出的,他在研究三角级数收敛问题时发现,如果对于一个给定区间$[a,b]$中的任何一点 x,当 $n\to\infty$ 时,这个级数中的一般项

$$a_n\sin(nx)+b_n\cos(nx)$$

都趋向于 0,则系数所构成的数列 $\{a_n\}$ 和 $\{b_n\}$ 就必须都趋向于 0. 可是,如果还有其他的系数的数列,比如说 $\{c_n\}$ 和 $\{d_n\}$ 也满足这个性质,那么,这些系数的数列之间将具有什么关系呢? 为了讨论问题的方便,分别用 A,B,C 和 D 表示这四个系数构成的数列,那么用现在的语言说,这就形成了四个"点集". 按照康托后来的定义,这四个集合代表的数列是等价的. 我们将在这一讲的第四节详细地讨论这个问题.

第一个集合论公理系统是德国数学家策梅罗[②](E. Zermelo, 1871～1953)于 1908 年给出的,他的著名论文《关于集合论基础的研究》是这样开始的[③]:

---

① 康托(Georg Cantor, 1845～1918),数学史上最被误解,而又最具革命性的思想家之一. 因创立现代数学基础——集合论而遭非难.
② 策梅罗(Ernst Friedrich Ferdinand Zermelo, 1871～1953),德国数学家,现代集合论的创始人之一.
③ 参见:Zermelo, E., Untersachungen uber die Grundlanger der *Mengenlehre I*, Mathematische Annalen 65, 1908:261～281. 英译本见:*Investigations in the foundation of set theory*, in Heijenoort 1967:199～215. 也参见:http://www.baidu.com/zermelo.

集合论是这样一个数学分支,它的任务就是从数学上以最为简单的方式来研究数、序和函数等基本概念,并借此建立整个算术和分析的逻辑基础,因此构成了数学科学的必不可少的组成部分.但是在当前,这门学科的存在本身似乎受到某种矛盾或者悖论的威胁,而这些矛盾和悖论似乎是从它的根本原理导出来的,而且一直到现在,还没有找到适当的解决办法.面对着罗素关于'所有不包含以自己为元素的集合的集合'的悖论,事实上,它今天似乎不能再容许任何逻辑上可以定义的概念'集合'或'类'为其外延.按照康托原来的关于集合的定义,把我们直观或者我们思考所确定的不同的对象作为一个总体,现在看来,这个定义肯定要求加上某种限制,虽然到现在为止还没有成功地用另外同样简单的定义代替它,而不引起任何疑虑.在这种情况下,我们没有别的办法,而只能尝试反其道而行之.也就是从历史上存在的集合论出发,来得出一些原理,而这些原理是作为这门数学学科的基础所要求的.这个问题必须这样解决,使得这些原理足够的狭窄,足以排除掉所有的矛盾.同时,要足够的宽广,能够保留这个理论所有有价值的东西.

> 认真地分析策梅罗是如何解决这个矛盾的,这对于数学教育是非常重要的.

我们知道,集合论是现代数学的基础,可是,从上面的论述中可以发现,作为科学典范的数学的论证基

第五讲 现代数学基础:集合论

础,从诞生的那个时刻开始就不平静,各种猜疑、非议,甚至悖论、批评相继出现.我想,对数学进行的研究,至少对数学教育,认真分析这些争论的核心问题是有必要的,因为这对把握现代数学的论证思路和推理模式是有益处的.策梅罗在上文中所说的罗素的悖论和康托原来的定义都是最为核心的问题,我们将详细地讨论这两个问题,通过对这两个问题的讨论来探讨如何给出集合的定义,从而分析集合论公理化系统的本质.

◀对于数学教育,一些理论出现的背景,如集合论等是重要的.

在日常生活和生产实践中,有许多名词经常使用,人们对这些名词似乎有了约定俗成的理解,借助这些理解人们就能够进行很好的交流,甚至可以作出很好的研究,但要给出这些名词确切的定义非常困难,"集合"这个名词就是如此.在前几讲中,我们曾经反复地使用了集合的概念,并且借助元素与集合之间、集合与集合之间的包含关系很好地分析了推理的过程,构建了一些推理的模式.可是,如何给出"集合"一个确切的定义呢?

◀由此可见,在许多情况下,一个好的抽象是困难的.

在我们使用集合这个概念的时候,头脑中认定的集合大概是:所要研究问题对象的全体.但在许多场合这个概念是模糊的,比如我们曾经举例提到过的"北方人"、"辣的菜"、"费时的工作"等等.因此,在上述对于集合认定的基础上至少还要加上一个限定词:可分辨的.于是大概可以认定集合是:可分辨的、所要研究问题对象的全体.也就是说,对于每一个所要研

究问题的对象 x,我们能够明确地知道这个对象 x 是否属于这个集合. 这又似乎变成了性质而不是定义了.

进一步用符号表示. 所谓"可分辨的"应当指:讨论问题对象所具有的某种特性. 我们用 P 表示这种特性,那么可以规定:如果 x 具有特性 P 则认为 x 属于集合. 从上述策梅罗的文章的述说中可以看到,这个规定已经非常接近康托最初的定义了. 但是这个定义引发了许多悖论. 首先是罗素于 1902 年给出的一个悖论,因为图书的目录也可以装订成书,因此对于有些图书馆,"图书馆图书的目录"这个集合可以包括图书目录本身,于是罗素认为[①]:

> 集合可以分为两类,一类是构建集合的特性包含了集合本身,比如图书目录,称为 R 集,还有一类是构建集合的特性不包含集合,称为非 R 集. 我们把所有非 R 集的集合总括为一个新的集合,用 M 表示. 现在的问题是:M 属于 R 集还是属于非 R 集? 如果属于 R 集,不符合 M 的定义;如果属于非 R 集,那么按照 R 集的定义,M 又应当属于 R 集. 于是就出现了矛盾.

20 世纪最伟大的数学家希尔伯特曾经说过,这个

▶ 这个属性可以确保元素 x 与相应集合 A 的关系,或者 $x\in A$,或者 $x\notin A$.

▶ 后来,罗素这种构造悖论的思路,也成为一种论证问题的方法.

[①] 参见:Cohen, Paul J. and Reuben, Hersh, *Non－Cantorian Set Theory*, *Scientific American*, 1967:104～116.

第五讲 现代数学基础：集合论

悖论对数学界具有灾难性的后果①. 德国逻辑学家弗雷格（G. Frege，1848～1925）正准备把他的著作《基本法则》的第二卷交付印刷时收到了罗素的来信，信中提及上述悖论. 弗雷格在那本准备交付印刷的著作中，把整个算术重新建立在集合论的基础上，而他认为的集合就是康托所描述的那样的集合. 当他收到罗素的有关悖论的信之后非常紧张，马上重新审阅了书稿，他在最终出版了的这部著作的附言中，详细地述说了当时的心情②：

◀如果一个研究领域的话语系统本身出了问题，那么这个研究领域所处的境地自然是尴尬的.

在一项研究接近尾声时，其基础突然坍塌，对于一个科学家，再也没有比这更令人沮丧的了. 这本书在交付印刷时罗素先生的信就使我陷入了这样的境地.

1918年，罗素把这个悖论表述得更加通俗，就是广为人知的"理发师悖论"：

◀由此可见，罗素是制造问题的高手.

一个喜欢自夸的乡村理发师宣称，他不给村里自己刮脸的人刮脸，但给所有不自己刮脸的人刮脸. 后来他遇到了尴尬，他是否应当给自己刮脸呢？如果他给自己刮脸，那么按照他宣称的前一半，就不应当给自己刮脸；如果他不给自己刮脸，那么按照他宣称的后一半，就应当给自己刮脸. 理发师陷入了逻辑两难

---

① 参见：M. 克莱因著. 数学：确定性的丧失[M]. 李宏魁译. 长沙：湖南科学技术出版社，1997：205.
② 参见：Cohen, P. J., Reuben, H., *Scientific American*, Vol. 217(1967), 104～116. 中译本见：集合论发展史[M]. 齐民友译. 张锦文校. 桂林：广西师范大学出版社，1993：第七章.

的困境.

包括罗素本人在内的大部分逻辑学家认为,上面所说的两个悖论是一致的,是没有本质差异的.但我认为,这两个悖论是有本质差异的:第一个悖论是与集合论公理体系有关的;第二个悖论涉及的并不是集合论本身的问题,而涉及的是论证的哲学原理.我们来分析这个问题.

▶ 分辨这两个悖论之间的差异是有必要的,可以更加深刻地理解集合的本质.

第一个悖论是由"图书目录的目录仍然是目录"所引发的,提出的是"集合是否可以包含集合本身"这样的问题.因此只要规定:集合 A 不包含集合 A 本身,就像我们将要在下一节讨论集合论公理体系中所规定的那样,就可以化解这个问题.事实上,在现在测度论的教科书中,已经把由集合的子集(包括集合本身)组成的类称为"域"或者"代数",后来康托证明了就无穷多个元素而言,"域"所含元素的个数比原来集合所含元素的个数多一个数量级.

第二个悖论是由"理发师的工作特征与自己的述说之间的矛盾"所引发的,提出的是"判断者是否可以进入判断系统"的问题.这是一个相当复杂的问题,这样的问题在西方哲学中是少见的,因此称其为悖论,但这样的问题在东方哲学特别是中国古代哲学中却是常见的,详细的讨论可以参见本书的附录.事实上,我想,我们在第 1.2 节和第 1.3 节曾经讨论过的,哥德尔论证的"一个公理系统的相容性不能通过该系统论证"这个命题的哲学原理也正在于此:通过系统自身的逻辑体系来评价这个体系的全貌是不可能的.

如果康托关于集合的定义或者说关于集合的描述是不可行的,是可以出现悖论的,那么,到底应当如何定义集合呢?

回想我们在第二辑中关于平面几何中基本概念的讨论,比如对点、线、面的讨论. 最初是古希腊学者泰勒斯①(Thales,约前 624～前 546)直观地研究了这些概念,并且给出了最初的平面几何的定理. 后来,欧几里得抽象出了几何学所要研究对象的定义:点是没有部分的,线只有长度没有宽度,面只有长度和宽度. 可以看到,欧几里得的定义并没有完全摆脱经验层面的东西,我们曾经称这种定义为第一步抽象. 随着研究的逐渐深入,特别是非欧几何的出现,人们发现了欧几里得定义的缺陷,于是又有了希尔伯特的关于定义的第二次抽象,那就是符号化:用大写字母 A,B,C 表示点,小写字母 a,b,c 表示线,希腊字母 α,β,γ 表示平面. 然后,希尔伯特通过构建几何公理化体系来确

◀数学所要研究的对象可能是各种各样的,但是研究手法的本质是一致的,这也是数学科学性的核心.

---

① 泰勒斯(θαλῆs,Thalês,约前 624 年～前 546 年),古希腊哲学家,米利都学派的创始人. 泰勒斯出生于古希腊繁荣的港口城市米利都,据说曾游历埃及,曾利用日影来测量金字塔的高度,准确地预测了一次日蚀,他将一年的长度修定为 365 日. 泰勒斯试图借助经验观察和理性思维来解释世界. 他提出了水的本原说,即"万物源于水",是古希腊第一个提出"什么是万物本原"这个哲学问题的人. 泰勒斯首创理性主义精神、唯物主义传统和普遍性原则,被称为"哲学史上第一人",对古希腊哲学产生重要的影响.

定点、线、面之间的关系. 我们曾经说过, 数学概念第二次抽象的特点是: 数学表达的符号化和数学论证的形式化; 并且我们说过, 尽管第二次抽象在形式上是美妙的, 但就功能而言, 第一次抽象发现了新的知识, 第二次抽象合理地解释了新的知识.

同样, 如果我们把康托关于集合的定义和论证看做第一次抽象的话, 那么, 关于集合的第二次抽象是什么呢?

§5.2 集合论公理化体系

我们把康托关于集合的定义进一步抽象, 首先分析关于集合至少应当确认些什么. 我想, 下面两个条件是必不可少的: **集合是由元素唯一确定的**; **元素与集合之间存在属于关系**. 那么, 如何用符号把这两句话恰如其分地表达出来呢? 借鉴希尔伯特的表达方式, 我们可以把集合表述为:

用大写字母 A, B, C 表示集合; 用小写字母 a, b, c 表示元素; 用 $\in$ 表示属于关系. 如果元素 a 属于集合 A, 则表示为 $a \in A$.

这样的表示是无懈可击的, 但这样的表示也是让人摸不着头脑的. 只有我们对很多类型的集合建立了

第五讲　现代数学基础：集合论

直观经验之后，才可能理解这样单纯建立在符号上的概念.就像几何那样，只有经过欧几里得几何长时间的熏陶，特别是对非欧几何的认识，才可能真正理解希尔伯特的几何公理体系.因此我想，在数学教学，特别是在中学数学的教学过程中，应当先用一些例子从各个角度对集合建立直观认识，在直观认识的基础上抽象出上面谈到的建立集合必须确认的两个最少条件，然后再进行符号抽象.

◀ 几乎对于所有的问题，只要是具体的，那么必然会出现反例.只有抽象到符号，才可能实现真正意义上的一般.

现在，我们只表示了上述两个条件中的后一个，那么，如何表述前一个条件，即如何表述"集合是由元素唯一确定的"呢？这已经涉及集合论公理化系统的内容了.

集合论公理化系统的基础是策梅罗1908年的论文《关于集合论基础的研究》，后来又经过德国数学家弗兰克尔(A. A. Fraenkel, 1891~1965)进行了少量的修改，人们称这个集合论公理化系统为 ZF 系统.**这个公理系统就是现代数学的基础**.现在我们分析 ZF 系统，通常采纳下面九条[①]，为了便于理解，我作了一些修改：

◀ 虽然现代数学的教学过程中并不需要讨论这个公理化系统，但是作为教师，还是应当知道这个系统.

1. **外延公理**.对于两个集合 A 和 B，如果 A 中的任一元素都是 B 中的元素，B 中的任一元素都是 A 中

---

① 参见：Cohen, Paul J. and Reuben, Hersh, *Non — Cantorian Set Theory*, *Scientific American*, 1967:104~116.也可参见：M. 克莱因著.数学：确定性的丧失[M].李宏魁译.长沙：湖南科学技术出版社,1997:259.

的元素,则这两个集合是同一集合,记为:$A \equiv B$.

2. **空集公理**. 存在没有任何元素的集合.

3. **无序对公理**. 对于任意两个集合 A 和 B,无序对 $\{A,B\}$ 或者 $\{B,A\}$ 构成一个新的集合.

4. **并集公理**. 对于任意两个集合 A 和 B,都存在一个集合 C,使得 C 中的元素恰为 A 中的或 B 中的元素,记为:$C = A \cup B$.

5. **无穷公理**. 存在这样的集合,其元素恰好是所有的自然数.

6. **替换公理**. 令命题形式 $f(a,b)$ 表示:对于每一个元素 a,都有唯一的元素 b 使得命题成立. 那么,对于任意的集合 A,存在一个集合 B,使得 B 中的元素 b 由 $f(a,b)$ 确定,其中 a 为 A 中的元素,记集合 $B = \{b; b \to f(a,b), a \in A\}$.

7. **幂集公理**. 对于任意集合 A,都存在集合 B,使得 B 中的元素是由 A 的所有子集构成的.

8. **选择公理**. 令 $\Omega = \{A_\delta; \delta \in \Delta\}$ 是由集合组成的类,则存在一个集合,这个集合恰好是由这个类中的每一个集合中抽取一个元素组成的.

9. **正则公理**. 对于任意集合 A,A 不属于 A.

▶ 由公理的编排顺序可知,这两条公理确定了集合的合理性,其余的公理是为了运算的需要.

其中第一条和第九条是重要的,第一条回答了我们一开始所说的构建集合至少需要满足的两个条件中的前一个条件,即"**集合是由元素唯一确定的**",因为只要元素确定了集合就唯一确定了;第九条则**限制**

了**罗素悖论**的可能性,就像我们前面分析过的那样.

第二条在本质上是一种定义,确定了**空集的存在**. 这是为了定义集合运算的需要,就像为了数的加减运算必须定义 0,为了数的乘除运算必须定义 1. 我们用 $\varnothing$ 表示空集.

第三条又被称为无序对集合存在公理,在本质上,这条公理述说了**集合本身也可以作为元素构成新的集合**. 如果用 A 表示一个集合,则用 $\Omega=\{A\}$ 表示以 A 为元素的集合,为了与原有的集合区别,通常称 Ω 为**类或者域**. 当然,一个类或者域可以由许多集合为元素构成,就像我们在第二讲中曾经讨论过的那样.

我们下面将会说明,第三条与第六条替换公理共同为第七条幂集公理作了铺垫,另一方面,通过"无序对"集合可以定义"有序对"集合,我们知道,序的关系对于数学研究是非常重要的.

第四条并集公理相当于定义了集合的**加法运算**,这个定义可以推广到任意多个集合的并. 有了并的运算就可以得到集合的包含关系,因为关系式 $C=A\cup B$ 意味着:$a\in C$ 则必有 $a\in A$ 或者 $a\in B$;反之,$a\in A$ 或者 $a\in B$ 则必有 $a\in C$. 这个关系式也说明集合 A(或者集合 B)被集合 C 包含,两个集合之间的**包含关系**被表示为 $A\subseteq C$,这意味着:任意 $a\in A$ 则必有 $a\in C$;进一步,如果关系式 $C=A\cup B$ 中集合 B 不是空集,则存在元素 $c\in C$ 但 c 不属于 A,称这样的包含为**真包含**,通常表示为 $A\subset C$. 显然,**任何集合都包含空集**,这

◀ 运算的形式可以是不同的,但运算的本质却是一致的.

是因为 $A = A \cup \varnothing$.

正像我们在前面讨论过的,包含关系具有传递性,并且,包含关系可以构成有序对集合:如果 $A \subseteq B$,则 $\{A, B\}$ 构成有序对集合. 同时,这条公理与第三条无序对公理一起可以定义有后继的集合,比如,可以得到形如

$$\{A, \{A\}, \{A, \{A\}\}\}$$

的集合. 这为下一个公理,即无穷公理的形式奠定了基础.

第五条允许**无穷集合的存在**,再根据第三条公理,就允许了"无穷"作为一个元素存在,这也就是间接地承认了"实无穷"的存在. 虽然这里只是假定"可数多个"无穷,即可以与自然数一一对应的那种无穷,但从第一辑第九讲的讨论知道,所有有理数甚至所有代数数①也都是可数多个无穷,特别是第七条公理允许了幂集运算,可以得到任意的无穷,我们在下一节再详细地讨论这个问题.

▶ 无穷是一个非常难以理解的概念,我们将在下一节详细讨论.

第六条替换公理是重要的,首先,根据替换公理可以得到**子集合的存在**,因为可以给出命题形式 $f(a, b)$,使得其中的 b 恰好对应于子集的元素. 与第四条导出的包含关系对应,如果 $A \subseteq C$,则称 A 是 C 的子集;同样,如果是真包含关系,那么,称 A 是 C 的真子集.

其次,这个公理间接地给出了集合之间映射的存在性,回忆中学教科书中关于映射的定义:如果对于

---

① 可以表示为以有理数为系数的方程的解的那些数.

集合 A 中的任意一个元素 a，都有 B 中唯一的元素 b 与之对应，则称这个对应为映射。如果用 g 表示这个映射，则所述说的对应可以表示为：$b=g(a)$，这个表示等价于命题形式 $f(a,g(a))$。

通过替换公理还可以得到**集合交的运算**，令 A 和 B 是两个集合，对于元素 $a \in A$，命题形式为这个元素同时满足 $a \in B$，于是得到一个由两个集合中共有的元素所组成的新集合，表示为 $C = A \cap B$。容易验证，如果两个集合没有共同的元素的充分必要条件是 $A \cap B = \varnothing$。

同样，通过替换公理还能得到**集合补的运算**，令 A 和 B 是两个集合，对于元素 $a \in A$，命题形式为 a 不属于 B，于是得到一个元素属于 A 但不属于 B 的新集合，表示为 $C = A - B$。容易验证

$$A - B = A - \{A \cap B\},$$

以及两个特殊情况：如果 $A \cap B = \varnothing$，则 $A - B = A$；如果 $A \equiv B$，则 $A - B = \varnothing$。

如果通过替换公理可以构建集合交和补的运算，那么，通过替换公理不能构建集合并的运算吗？如果这是可能的，第四条公理不就是不必要了吗？事实上，这是不可以的。因为替换公理是从集合 A 出发的，必须与集合 A 中的元素有关。集合交和补的运算结果都与集合 A 中的元素有关，而集合并的运算结果并不都是与集合 A 中的元素有关。

第七条幂集公理中所涉及的子集在 ZF 系统中并

没有定义,但如我们在上一条所讨论的,子集是存在的.这个公理确定了我们曾经说过的"域"的存在性,对于集合 A,称由集合 A 的所有子集包括集合 A 本身所形成的新的集合为**集合 A 生成的域**,表示为 $F(A)$. 康托证明了 $F(A)$ 中元素的个数要比 A 中元素的个数多一个数量级,我们将在这一讲的第 4 节讨论这个问题.

> 对于有限个集合,这个公理是显然的,但问题涉及无穷,就会变得非常复杂.

第八条选择公理是重要的,也是让数学家们争论不休的,我们在下一节专门讨论这个问题.

§5.3 选择公理

如果 Ω 是由有限个集合组成的类,选择公理还是可以理解的. 比如 $\Omega=\{A_1,\cdots,A_n\}$,其中集合 A_m 都是不空的子集,那么,我们可以从每一个集合 A_m 中抽取一个元素 a_m,然后得到一个新的集合

$A=\{a_1,\cdots,a_n\}$.

可是,对于由无限个集合组成的任意的类,我们确实能够给出一个选择原则,使得在每一个集合中恰好选出一个元素,然后用这些元素组成一个新的集合吗?这样定义的集合有意义吗?

首先,选择公理是有悖于我们定义集合的初衷的. 因为我们在利用集合研究问题时,总是认为集合中的所有元素都具有一个共同的特性,就像康托最初

思考的那样. 而选择公理则破坏了这个特性,因为所要组建的新的集合中的元素是来自各种集合的,元素之间是互不相识的. 难怪罗素举例说①:如果有一百双鞋子,宣布从每双鞋子中选出左脚的那只,这种选择是清晰的;如果是一百双袜子,如何从每一双中选出一只呢? 如何能分辨出这种选择呢? 罗素是一个惹麻烦的高手,对于康托最初的定义他提出了理发师的悖论,使得人们不能从"共性"出发来定义集合;可是人们从更为一般性的角度来定义集合时,他又提出鞋子、袜子的悖论,使得人们无法从一般中回归到"特性".

◀ 事实上,我们在研究问题的时候,是不会把一些杂乱无章的东西放在一起研究的,可是又如何分辨那些东西是否是杂乱无章的呢?

◀ 关于特性和共性的详细讨论,可以参见本书的附录.

如果选择公理如此令人费解,那么,去掉选择公理会怎么样呢? 我们来看下面两个例子.

函数连续的定义②. 一般来说,可以有下面两种方法定义函数 $f(x)$ 在点 x_0 处连续:

(1) 对于任意 $\varepsilon>0$,都存在 $\delta>0$,使得所有满足 $|x-x_0|<\delta$ 的 x 均有 $|f(x)-f(x_0)|<\varepsilon$.

(2) 对于任意收敛到 x_0 的数列 $\{x_n\}$,对应的函数的数列 $\{f(x_n)\}$ 都收敛到 $f(x_0)$.

---

① 参见:M. 克莱因著. 数学:确定性的丧失[M]. 李宏魁译. 长沙:湖南科学技术出版社,1997:210～211.

② 参见 Fraenkel,A. A., Y. and A. Levy, *Foundations of Set Theory*, 2nd rev. ed., North-Holland Publishing co., 1973:76～77.

现在的问题是,这两个定义是一致的吗?或者说,这两个定义是等价的吗?我们来证明这个等价性,并分析在这个证明的过程中需要什么条件.显然,命题(1)所蕴含的信息要多于命题(2),因此由(1)证明(2)是容易的.我们证明相反的情况,假设(2)成立,验证(1)也成立.

用反证法,假设(1)不成立.这需要考虑命题(1)的否命题,即把(1)中的"任意"变为"存在",把"存在"变为"任意",具体表述如下:

如果命题(1)不成立,那么,必然存在一个 $\varepsilon > 0$,对于任意的 $\delta > 0$(不失一般性令 $\delta = 1/n$),使得对任意的 n,集合

$$M_n = \left\{ x ; \ |x - x_0| < \frac{1}{n}, \ |f(x) - f(x_0)| \geqslant \varepsilon \right\}$$

都是不空的.根据选择公理,我们可以从每一个集合 M_n 中选取一个数 x_n,这样,数列 $\{x_n\}$ 收敛到 x_0,但根据集合 M_n 的定义有 $|f(x_n) - f(x_0)| \geqslant \varepsilon$,这与命题(2)是矛盾的.因此最初的假设不成立,再利用排中律,就证明了命题(1)成立.

在上述的证明过程中,我们使用了选择公理.当然,我们可以凭借直观说,既然集合是不空的,就应当存在一个数,把这样的数"选"出来放在一起就可以构成数列,因此这个证明可以与选择公理无关.但是,这个直观是不可靠的,是需要公理作保障的,就像我们在第二辑中曾经讨论过的,由欧几里得几何

▶ 在现代数学中,直观也需要公理的保证,比如,一条直线上的三个不同的点,当且仅当一个点在其他两个点之间.

第五讲 现代数学基础:集合论

过渡到希尔伯特几何那样.对于这个问题,弗兰克尔在《集合论基础》中进一步阐述道[1]:更确切地说,在 ZF 系统中,对于所有由实数集合构成的不可数集合,选择公理是证明命题(1)和命题(2)等价的充分必要条件.

我们知道,关于函数连续的问题是现代数学非常基础也是非常重要的问题,因此选择公理是不能忽视的.正如弗兰克尔说的那样,凡是涉及要在一个由区间组成的无穷"域"中抽取元素时,都可能要用到选择公理.因此,许多需要选择公理才可能证明的定理,已经成为现代分析学、拓扑学、抽象代数、超限数理论以及其他一些相关研究领域的基础性定理,不接受选择公理会使数学家们举步维艰.比如,美籍德国数学家佐恩(Max Zorn,1903~1993)给出的一个与选择公理等价的引理,这个引理在现代分析学特别是泛函分析中是非常基础的[2]:

佐恩引理 令 A 是一个定义了顺序的集合,如果 A 的每一个子集都有上界,那么,集合 A 中必有最大的元素.

---

[1] 参见:Abraham Fraenkel, Yehoshua Bar-Hillel, and Levy, Azriel, 1973(1958). *Foundations of Set Theory*. North Holland, P. 77.

[2] 一般情况下,这个引理对于集合 A 只要求定义了"半序"就可以了,但 A 中的子集必须是全序,参见:夏道行,等编著.实变函数与泛函分析[M].北京:人民教育出版社,1978:34~35.所谓"半序"是指元素之间具有顺序关系,但并不是所有元素之间都能够比较这个顺序,比如,我们可以认为集合之间的包含关系为一个顺序关系,但并不是所有集合之间都存在包含关系,因此,并不是所有集合之间都能比较这个顺序.

> 这是一个有悖于人们常识但又是合理的例子.

但是,选择公理涉及的问题过于广泛,往往会给数学研究带来不必要的麻烦.我们来看下面的例子,这个例子在数学教科书中往往是作为"特例",或者作为"反例"出现的,比如,作为勒贝格不可测集的例子[1],或者,作为外测度不具备可列可加性的例子[2].现在,我们不从反例的角度,而凭借直觉进行"合理"的论述,从而得到一个与我们生活常识矛盾的结论,然后再分析为了避免这样的矛盾,数学是如何不得以地修改运算法则的.

> 我们曾经讨论过,数的本质是大小,对于集合也是这样.

集合的测度. 讨论实数集合大小的度量,我们称为集合测度. 当然,可以用集合中元素个数的多少来定义集合测度,但这只能是针对集合中元素的个数是有限的情况,通常称这样定义的集合测度为[3]:计数测度,还可以定义以这样的测度为基础的数据的取值规律为:离散分布. 但是,当集合中元素的个数有无穷多个时,特别是,集合是由区间构成的时候,这种测度就没有实用性了,因为我们已经讨论过,区间$(0,1)$中有理数的个数与区间$(0,2)$中有理数的个数是一样多的;进一步,区间$(0,1)$中实数的个数与区间$(0,2)$中实数的个数也是一样多的.

---

[1] 参见:夏道行,等编著.实变函数与泛函分析[M].北京:人民教育出版社,1978:111~114. 其中提到的勒贝格(H. Lebesgue, 1875~1941)是法国数学家,勒贝格测度是关于实数集合大小的一种度量,出发点是区间的长度.

[2] 参见:陶哲轩著.陶哲轩实分析[M].王昆扬译.北京:人民邮电出版社,2008:394~395.

[3] 参见:史宁中著.统计检验的理论与方法[M].北京:科学出版社,2008:3~4.

我们先直观地分析集合测度应当满足的条件,然后再分析应当如何定义集合的测度.我想,集合测度至少要满足下面四个条件:令 Ω 是由实数集合构成的类,m 是类中的**集合测度**,那么

1. **零测度**. 空集的测度为零,即 $m(\varnothing)=0$.

2. **单调性**. 对于 Ω 中的两个集合 A 和 B,如果 $B\subseteq A$,那么 $m(B)\leqslant m(A)$.

3. **可加性**. 对于 Ω 中的两个集合 A 和 B,如果 $A\cap B=\varnothing$,那么 $m(A\cup B)=m(A)+m(B)$,并且这个结果对任意可数个不相交的集合也成立.

4. **平移不变性**. 对于给定的实数 c,令 $B(c,A)$ 表示集合 A 对于 c 的平移变换得到的集合,则这两个集合的测度相等,即令 $B\equiv B(c,A)=\{b=c+a;a\in A\}$,则 $m(B)=m(A)$.

(5.1)

其中条件 1 和条件 2 意味着,集合测度是非负的,这是符合常理的.但是,第 3 个条件似乎有些暧昧,因为我们已经有了多次的经验,凡是涉及无穷,问题就会变得复杂,甚至会出现一些与我们的直观不符的例子.第 4 个条件是必要的,否则保证不了区间 $(0,1)$ 和区间 $(1,2)$ 的测度相等.

显然,如果集合是一个区间,那么,用区间的长度来定义集合测度是最合理的.现在,我们详细分析用

◀ 在数学的教学过程中,常常需要思考数学中的那些规定或者假设是否符合常理.

区间的长度来定义的集合测度.

根据常识,我们认为一个点的长度应当为零,因为欧几里得早就说过,点是没有部分的.那么,我们定义的测度必须满足一个点的测度为零.为此,可以取半开半闭的区间长度来定义集合测度:

$$m((a,b]) = b - a.$$

因为对于半开半闭的区间而言,一个点 $(a,a]$ 是一个空集,根据零测度的条件 1,$m((a,a]) = 0$.进一步,如果集合 A 是由可数个点构成的,那么,根据可加性的条件 3,集合 A 的测度也为零,即如果

$$A = \{a_n; n = 1, 2, \cdots\},$$ 则

$$m(A) = m(a_1 \cup a_2 \cup \cdots) = \sum m(a_n) = 0,$$

其中和号 $\sum$ 是对 $n = 1, 2, \cdots$ 取的.

对于这个相似合理的集合测度的定义,因为选择性公理,可以引发矛盾.我们考虑下面的例子.

▶ 请分别举出具有亲近关系和不具有亲近关系的例子.

令 $A = [0, 1]$,即用 A 表示从 0 开始到 1 结束的区间.对任意 A 中的实数 a 和 b,如果这两个数的差 $a - b$ 为有理数,则称这两个数具有"亲近"关系,记为 $a \sim b$;否则,称 a 和 b 不具有"亲近"关系.显然亲近关系满足下面两条:

对称性,即 $a \sim b$ 则必然有 $b \sim a$;

传递性,即 $a \sim b$ 且 $b \sim c$,则必然有 $a \sim c$.

对于 $a \in A$,用 $E(a)$ 表示 A 中所有与 a 具有"亲近"关系的数所构成的集合,称为亲近集合.显然亲近集合 $E(a)$ 与亲近集合 $E(b)$ 之间满足下面的两个性质:

同一性：如果 $a \sim b$，则 $E(a) = E(b)$，即元素之间具有"亲近"关系，则对应的亲近集合相等；

不交性：如果 $a \sim b$ 不成立，则 $E(a) \cap E(b) = \varnothing$，即元素之间不具有"亲近"关系，则对应的亲近集合的交为空集．

因此，两个亲近集合要么相同，要么不相交．根据选择公理，我们可以在每个亲近集合中选出一个元素组成一个新的集合，用 C 来表示这个新的集合．根据上面的两个性质，对于每一个 $a \in A$，集合 $E(a) \cap C$ 中只能含有一个元素．显然，$C \subseteq [0,1]$．

◀ 由这个例子可以看出，这样通过选择公理选出的集合是多么不可思议．

因为区间 $[-1,1]$ 中有理数是可以与整数一一对应（参见第一辑第九讲），我们把这些有理数排列起来，得到：

$$c_1, c_2, \cdots, c_n, \cdots.$$

回忆集合平移变换的记号，令 $C_n \equiv B(c_n, C)$ 表示集合 C 对于 c_n 的平移变换得到的集合．现在，我们考虑所有集合 C_n 的并构成的集合

$$\bigcup C_n = C_1 \bigcup C_2 \bigcup \cdots,$$

其中 $n = 1, 2, \cdots$，上述的并是针对可列个集合的．

容易验证，对于任意 $c \in \bigcup C_n$ 必有 $-1 \leqslant c \leqslant 2$，因此可以得到 $\bigcup C_n \subseteq [-1, 2]$．另一方面，对任意 $a \in [0,1]$，必然存在一个亲近集，比如 $E(a)$，使得 $a \in E(a)$．用 b 表示亲近集 $E(a)$ 被选出的元素，则 $a - b$ 为有理数并且 $b \in C$．因为 a 和 b 都是区间 $A = [0,1]$ 中的数，因此，$a - b$ 是区间 $[-1,1]$ 中的有理数，即 $a - b$ 是有理数列 $c_1, c_2, \cdots$ 中的某一个数．不失一般性，令 $a - b = c_n$，这样 $a = c_n + b$，根据集合平移变换的定义

◀ 需要认真地把握这一段的论证思路．

$a \in C_n$,因此,又可以得到 $[0,1] \subseteq \bigcup C_n$. 这样,我们就得到集合之间的包含关系:

$$[0,1] \subseteq \bigcup C_n \subseteq [-1,2].$$

因为测度应当满足(5.1)中的第 2 个条件:单调性,可以得到

$$1 \leqslant m(\bigcup C_n) \leqslant 3.$$

但是,根据(5.1)中的第 4 个条件:平移不变性,对于任意的 n 有 $m(C_n) = m(C)$;再根据(5.1)中的第 3 个条件:可列可加性,可以得到

$$m(\bigcup C_n) = \sum m(C_n) = \sum m(C).$$

这就引发矛盾了:如果 $m(C) = 0$,那么 $m(\bigcup C_n) = 0$;如果 $m(C) > 0$,那么,$m(\bigcup C_n) = \infty$. 无论是哪种情况这个测度都不在 1 和 3 之间. 这个结论显然是不能容许的,那么,问题出在什么地方了呢?从上面整个推理过程看,问题只可能出在三个地方:

1. 有些集合不能用区间长度的测度度量;
2. 有些测度不满足(5.1)中第 3 个条件;
3. 要有限制地使用选择公理.

> 人们宁可修改定义也不抛弃选择公理,尽管通过选择公理选出的集合是不可思议的.

现代分析学把注意力集中于前两个问题,于是,数学家们定义了勒贝格可测集合,即规定了可以进行度量的那些集合. 而我们上面所说的集合 C 恰好属于用勒贝格测度不可测的集合,于是(5.1)中的第 3 个条件得到保留,并且问题得到了解决. 可以看到,解决问题的基本思路是:**我们不讨论这样的问题**. 这个聪明的方法是德国数学家卡拉西尔德瑞(C. Caratheodory,

第五讲 现代数学基础：集合论

1873~1950)提出的.

根据上面的思路,具体解决办法是这样的.首先,对于集合测度进行适度扩张,在一个由集合所构成的类上定义一个基于区间长度的集合测度,比如,称这个集合测度为外测度,允许这个集合测度可以不满足条件 3,即允许这个集合测度可以不满足可列可加性;然后,用这个外测度对类中的集合进行度量,如果在度量的过程中条件 3 得到满足[①],那么称这个集合是勒贝格可测的,并且定义这个外测度为勒贝格测度. 显然,这样定义出来的勒贝格测度满足条件 3,即满足可列可加性.

虽然,几乎所有的泛函分析的教科书中,关于勒贝格测度都是这样定义的,但是,这个定义是不符合逻辑的. 这是因为一个集合是否可测的"判断"发生在实际"操作"之后:对于一个集合,先度量一下,如果可以度量了,那么就称这个集合为可测的. 从常理上讲,操作后的判断并不是真正意义上的判断,与其称为"判断"还不如称其为"验证"更为恰当. 幸亏数学家们证明了一个重要的性质:所有的开集和闭集都是勒贝格可测的,也就是说,我们通常遇见的集合都是勒贝格可测的,这就是以法国数学家鲍莱尔[②](E. Borel,1871~1956)的名字命名的一个重要性质.

◀一些数学教科书试图写得天衣无缝,其实有一些本质性的东西恰恰被隐藏起来了.

但我们也可以看到,正因为选择公理蕴含着不可

[①] 虽然在大部分的教科书中不是直接定义的,但是条件 3 总是不需要附加任何条件就可以被推导出来.

[②] 鲍莱尔(E. Borel,1871~1956),法国数学家,他一生潜心研究数学,曾经动情地说过:"数学维持着自己的生命."

测集合的存在,因此,只要假定每一个线性集合都是可测的就可以否定选择公理.

事实上,第 3 个问题,即"要有限制地使用选择公理"这个问题也是重要的,这个问题与著名的巴拿赫-塔斯基(Banach-Tarski)悖论有关,巴拿赫-塔斯基悖论表明[1],可以把三维空间的一个单位球划分为五份,这五份通过旋转和平移可以构成两个完整的单位球.同样的方法,还能够得到这样的不可思议的结论[2]:可以把整个地球分成有限份,然后重新拼装成一个篮球大小的球体.这些结论显然是荒诞的,可耐人寻味的是,这些悖论仅仅是违反人们的直觉,却与公理系统的合理性无关.

> 由此可以看到,选择公理的权力太大了,那么,如何削弱这个权力呢?

事实上,没有选择公理的 ZF 系统也是成立的,以至于有些学者把没有选择公理的其他八个公理称为 ZF 系统,而把加了选择公理的九个公理称为 ZFC 系统.美国数学家科恩[3](P. Cohen,1934～   )把集合论理论中的选择公理比做欧几里得几何中的平行线公理,并且模仿非欧几何的命名,称不加选择公理的 ZF 系统为[4]:非康托集合理论.科恩因为证明了连续统假

---

[1] 参见:陶哲轩著.陶哲轩实分析[M].王昆扬译.北京:人民邮电出版社,2008:396.
[2] 参见:M. 克莱因著.数学:确定性的丧失[M].李宏魁译.长沙:湖南科学技术出版社,1997:276.
[3] 科恩(P. Cohen,1934～   ),美国数学家,波兰犹太移民的后裔,生于美国新泽西州的长溪.他证明了连续统假设与 ZF 集合公理系统彼此独立,从而使连续统假设成为一种既不能证明,又不能推翻的现代逻辑工具.1964 年获得美国数学会波谢(Bocher)奖,1966 年荣获菲尔兹奖.
[4] 参见:Cohen, Paul J. and Reuben, Hersh, *Non-Cantorian Set Theory*, *Scientific American*, 1967:104～116.科恩于 1963 年回答了希尔伯特的第一个问题,即连续统问题(我们将在下一节讨论这个问题),为此,他成为 1966 年菲尔兹奖的获得者.

设与 ZF 系统的独立性而闻名,我们将在下一节讨论这个问题.

§5.4　无穷的度量与连续统

我们在第一辑第九讲曾经说过,从康托创建集合论的那天开始,集合论就受到许多数学家包括许多著名数学家的责难.除了人际关系之外,就知识本身而言,主要有两方面的原因:一个是定义不清,正如我们在第 1 节所讨论的那样,出现了诸如罗素悖论那样的问题;另一个是涉及了让人们很难理解的无穷的概念,特别是还涉及了无穷大小的比较等等.

人们从很早就认识了无限的存在.我想,"无限"与"无穷"是有所区别的,无穷主要是针对量而言的,而无限所涉及的领域就要更加广泛.亚里士多德著的《物理学》一共八卷,其中第三卷几乎都是讨论无限的,他认为[1]:之所以要相信无限的存在,主要是基于五点思考.这五点是:时间是延绵不断的;度量是没有边际的;事物是层出不穷的;无限是相对于有限的;思想是驰骋不倦的.接下来,亚里士多德又进入了他那个时代的希腊人的思维范式.这个范式就是思考:无限是如何存在的?是作为实体存在,还是作为事物的

◀对"有限"与"无限"的区别,很多中小学数学教师并非都清晰.

◀现实世界告诉我们,无限也是存在的.

---

[1] 参见:苗力田主编.亚里士多德全集:第二卷[M].北京:中国人民大学出版社,1991.

本质属性存在？他特别强调自然科学家尤其要探究的问题是：是否存在着一个无限的可以感觉的积量. 亚里士多德无愧于"千古智者"的称号，他提出的这些问题成为两千多年以后即 19 世纪末 20 世纪初数学发展发生重大转折期的一个重要课题. 亚里士多德对于自己提出的问题的回答是：

> 正如我们所说的，积量在现实意义上不是无限的，但是在分割的意义上却是无限的，所以，剩下来的结论就是：无限只是潜能上的存在. …… 不会有一个现实意义上的无限. …… 一般来说，无限是这样的：可以一个接着一个不断地被抽取出来，被抽取的每一个虽然总是有限的，却永远不同. …… 说它们"是"，并不是把它们作为某个已经生成的实体，而是指它们总是处在生成和灭亡的过程中.

▶ 亚里士多德对于无限的理解是深刻的，也是直观的.

亚里士多德的意思非常明确：无限不是一个已经生成了的实体，而是处于发展之中. 时间是无限的，因为过了今天还有明天；度量是无限的，因为被度量的东西还有外边；分割是无限的，因为分割了以后还可以分割. 亚里士多德称这样的无限为"潜无限"，他认为无限是以潜无限的形式存在的；如果无限以实体形式存在，那么，这种存在是"实无限". 亚里士多德认为实无限是不存在的. 也就是说，自然数可以一直数下

第五讲 现代数学基础:集合论

去,这样的"潜无限"是存在的;但是不能认为,自然数本身就是一个整体,这个整体以无限的形式存在,这样的"实无限"是不存在的.

亚里士多德的想法是直观的,是可以被人们普遍接受的.比如,把任何数除0认为是无限,如果1/0可以作为实无限存在,那么,2/0是不是也可以作为实无限存在呢?如果可以的话,那么,后者是不是前者的二倍呢?甚至瑞士大数学家欧拉[①](L. Euler,1707~1783)在他1770年出版的著作《代数学》中也相信这个结论是对的[②].事隔两千年,最伟大的数学家之一的德国数学家高斯仍然完全赞同亚里士多德的观点,他在1831年给朋友的信中说:

我反对把无穷量作为现实的实体来用,在数学中这是永远不能允许的,无限只不过是一种说话方式,我们所说的极限是指,某些比可以随意地接近它,而其他的则被允许无界地增加.

但是,正如我们在第一辑所讨论的那样,为了更

[①] 欧拉(Leonhard Buler,1707~1783),瑞士数学家,生于瑞士巴塞尔,卒于俄国彼得堡.他在分析学、数论和力学方面做了大量出色的工作.他的研究内容广泛,涉及行星运动、刚体运动、势力学、弹道学、人口学.这些工作和他的数学研究相互推动.欧拉在微分方程、曲面微分几何以及其他数学领域的研究都是开创性的.欧拉是18世纪数学界最杰出的人物之一.他是一个无与伦比的多产作者,《无穷小分析引论》、《微分学原理》、《积分学原理》都成为数学中的经典著作.除了教科书外,在他工作的时期几乎以每年八百页的速度写出创造性论文,他的全集多达74卷.

[②] 参见:M.克莱因著.数学:确定性的丧失[M].李宏魁译,长沙:湖南科学技术出版社,1997:199.

> 对于无限的深入研究也是现实的需要,是为了说明极限运算的需要.

好地解释导数、微分、积分这些由牛顿和莱布尼茨(G. W. Leibniz, 1646~1716)发明的强有力的计算工具,就必须解释清楚数列极限、函数连续这些基本概念,因此就必须解释清楚极限或者连续的变化过程中所涉及的实数和实数性质,这样,集合的用语就应运而生.为了分辨集合的相同与不同,就必须知道集合中元素的个数的多少.康托非常明智地引入了对应的概念:如果两个集合的元素之间能够一一对应,那么认为,这两个集合的元素一样多.或者,可以给出更加明确的定义:

> 为了研究无限,首先需要定义无限,然后定义无限的运算法则,这样无限就是实的了.

如果一个集合的元素能与它的一个子集的元素一一对应,则称这个集合的元素的个数为无穷.

两个集合 A 和 B,如果 A 的元素能与 B 的一个子集的元素一一对应,同时,B 的元素能与 A 的一个子集的元素一一对应,则称 A 和 B 的元素的个数相同.

两个集合 A 和 B,如果 A 的元素能与 B 的一个子集的元素一一对应,但是,B 的元素不能与 A 的任何一个子集的元素一一对应,则称 A 的元素的个数大于 B 的元素的个数.

(5.2)

> 大小关系一直是数之间的基本关系,对于无限也是这样.可是,我们能够接受康托的定义吗?

上面的定义似乎是直观的,可是在这个定义下得到的结论不一定是直观的.在上述定义下,康托用巧妙的方法证明了自然数、整数、有理数、代数数的个数

第五讲 现代数学基础:集合论

是一样多的,他称这样多的个数为可数个.这些结论显然是与我们生活常识不符的:正整数的个数显然应当是正偶数的二倍,可是康托却简单地给出了一个一一的对应关系:

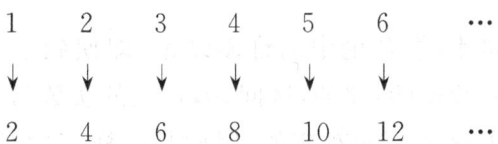

由此可见,无穷与有限之间会出现本质的差异.即便如此,要接受康托的这种说法也是困难的,甚至在一开始,康托本人都对自己的思考表示怀疑.他于1877年写给德国数学家戴德金[1](R. Dedekind,1831～1916)的信中说:"我看到了它,却不敢相信它."当然,康托最终还是相信了它,从而创建了集合论.这样,康托就对亚里士多德关于"实无穷不存在"的断言发起了挑战.在集合论中,无穷作为一个"实体"堂而皇之地出现了,为了区别通常意义下的数,康托称这样的数为超限数.他在1890年发表的《超限数理论》一书中针对数学界和哲学界的种种非难反驳道[2]:

---

[1] 戴德金(Julius Wilhelm Richard Dedekind,1831～1916),德国数学家.他是高斯的最后一位学生.他在数学上的贡献是多样的:将无理数的理论建立在逻辑的基础上,特别是实数上的戴德金切割(Dedekind cut),在他生前就已经广为流行了,这构成了分析学的基础.在代数数论中,他首创了理想(ideal)的概念.

[2] 参见:Jourdain, E. B., *Contributiong to the founding of the theory of transfinite numbers by Georg Cantor, Translated, and provided with an introduction and notes*, Dover publication INC., 1915. 中译本参见:张锦文主编. 集合论发展史[M]. 桂林:广西师范大学出版社,1993:第一章.

所谓实无限不可能的证明统统都是假的,说那些证明是假的,是因为在证明的过程中,他们都是把有限数的所有性质强加于超限数,然后再开始他们的论述.

即便如此,集合论中的许多结论,即使到了今天依然是令人费解的,比如,区间(0,1)上的实数与整个数轴上的实数是一一对应的,因此是一样多的.这相当于我们把一个10厘米长的橡皮绳拉到10米长,橡皮绳的结构没有发生变化.或许,德国数学家豪斯多夫[①](F. Hausdorff,1868~1942)在1914年出版的《集合论基础》一书中的描述表达了许多数学家的心情[②]:

在这个领域中什么都不是自明的,其真实的陈述常常会引起悖论,而且似乎越有道理的东西,往往越是错误的.

> 现代数学已经建立在康托集合论的基础上,因为人们找不到更好的用以解释数学的方法.

另一方面,大数学家希尔伯特表示了对康托集合论理论的坚决支持.1926年,在纪念德国数学家魏尔

---

① 豪斯多夫(F. Felix Hausdorff,1868~1942),德国数学家.豪斯多夫的工作涉及天文学、光学、概率论及几何学等.他最重要的贡献在集合论和点集拓扑学方面,代表作为《集化》(1914),这一著作奠定了点集拓扑学的基础.他提出的一类拓扑空间(任两点都分别存在邻域且二者不相交)被称为豪斯多夫空间.这一著作对集合也有诸多贡献,如将序型分类、研究序型的有序积、有序集表示等问题.他引入的极大原理可用来代替超限归纳法,并与后来常用的佐恩引理等价.

② 参见:M. 克莱因著.数学:确定性的丧失.李宏魁译,长沙:湖南科学技术出版社,1997:203.

第五讲　现代数学基础：集合论

斯特拉斯^①(K. Weierstrass,1815~1897)的会议上,希尔伯特发表了题为《论无限》的讲演,他说道^②:

我认为,乔治·康托所创立的集合论是数学天才最优秀的作品,是人类纯粹智力活动的最高成就之一.……整个算术的确定性是众所公认、无人怀疑的,在这里,只有人们的疏忽和粗心才会带来矛盾和悖论.……没有任何人能将我们从康托所创造的乐园中驱赶出去!

事实上,在今天,集合论已经毫无疑问地成为现代数学的论证基础,因为我们找不出比集合论更好的数学论述的方式.

最初,康托希望证明实数的个数也是可数多个,他很快就发现这是不可能的,于是,他用著名的对角线法证明了实数的个数确实要比自然数多(参见第一辑第九讲).这样,只要承认了集合论就不能不承认"实无穷"的存在,因为在集合论中,"无穷"不仅是存

◀ 这个证明用到了反证法,是一个形式非常特殊的反证法.

---

① 魏尔斯特拉斯(Weierstrass,1815~1897),德国数学家.他的主要贡献在函数论和分析学方面.在 1854 年发表的《关于阿贝尔函数理论》的论文中,解决了椭圆积分的逆转问题,引起数学界的重视.他把严格的论证引进分析学,建立了实数理论,引进了现在通用的极限的 ε-δ 定义,在此基础上给出了连续函数的严格定义和性质.他还构造了一个著名的处处不可微的连续函数,为分析学的算术化作出重要贡献,堪称现代分析之父.

② 参见:[美]康斯坦丝·瑞德著.希尔伯特:数学世界的亚历山大[M].袁向东,李文林译.上海:上海科学技术出版社,2003:252~254. 也参见:Hilbert, D., On the infinite (1925), *From Frege to Godelk*, Edited by Heijenoort,Lincoln: iUniverse.com. Inc., 1999:367~392.

在的,而且能比较大小.如果集合 A 中有无穷多个元素,则称集合 A 中元素个数的多少为"势".如果用 $F(A)$ 表示由集合 A 的所有子集构成的"域",康托证明了 $F(A)$ 的势要大于 A 的势,人们后来称这个命题为康托定理.康托定理的证明非常简单,但证明的思路是富有启发的.这个证明思路显然是受到了罗素理发师悖论的影响,我们将它表述如下[①]:

用 $\#A$ 和 $\#F(A)$ 分别表示集合 A 和 $F(A)$ 的势.我们需要证明 $\#A < \#F(A)$.因为对于 A 中的任何元素 a,集合 $\{a\}$ 都是 $F(A)$ 中的元素.由一一对应关系

$$a \longleftrightarrow \{a\}$$

可以得到 $\#A \leqslant \#F(A)$.下面证明等号是不成立的.用反证法,假如等号成立,即 $\#A = \#F(A)$,那么由(5.2)中的定义,存在一个一一的对应关系,使得

$$a \longleftrightarrow S_a \tag{5.3}$$

其中 S_a 表示 A 的子集,即 $F(A)$ 中的元素.显然,对于集合 A 中任何给定的元素 x,针对(5.3)的对应关系都存在两种可能情况:子集 S_x 包含元素 x,或者不包

[①] 参见:[美]柯朗,[美]罗宾著.什么是数学[M].左平,张饴慈译.上海:复旦大学出版社,2007:98~99.

含元素 x. 现在,令 T 表示 S_x 不包含 x 的那些元素所组成的集合,那么 T 属于 $F(A)$ 但与 (5.3) 所示的所有 S_a 都不一样:如果 S_a 包含 a,则 T 不包含 a;如果 S_a 不包含 a,则根据 T 的定义,T 包含 a. 这与一一对应的假设是矛盾的,假设不成立,所以 $\#A < \#F(A)$. 定理得到证明.

◀ 这个论证方法是罗素理发师悖论的核心思想.

康托定理的一个直接推论是:**可数多个是最小的势**,人们通常用 $\aleph_0$ 来表示这个势,读为"阿列夫零". 人们还用 c 来表示实数的"势",因为在这个时候戴德金已经证明了实数是连续的,因此也称 c 为连续统的势,或者简称**连续统**. 显然 c 要大于 $\aleph_0$,这样,在超限数之间也存在一种大小关系. 进一步,模仿自然数之间的序关系,康托认为在超限之间也存在一个序关系,可以写为:

◀ 在这里,再次使用了排中律,但这个排中律对"一一对应"的要求是相应苛刻的.

$$\aleph_0, \aleph_1, \aleph_2, \cdots \tag{5.4}$$

为了进一步论证 (5.4) 式,受康托定理的启发,我们可以讨论集合 A 的势与 $F(A)$ 的势之间的关系,基本思路如下.

如果 A 中的元素是有限的,比如有 n 个,那么,A 中的所有子集是指包括了所有由 k 个元素组成的子集,其中 $k = 0, 1, \cdots, n$. 那么,对于给定的 k,要在所有 n 个元素中抽取 k 个元素,这是一个组合问题,我们简

单地分析这个问题. 如果在 4 个元素 a,b,c,d 中抽取 3 个元素, 那么组合形式有:

$$abc, abd, acd, bcd$$

一共 4 种形式. 一般来说, 如果用 $c(n,k)$ 表示由 n 个元素抽取 k 个元素的组合数, 则

$$c(n,k) = \frac{1}{k!} \cdot n(n-1)\cdots(n-k+1)$$

其中 $k!$ 表示由 1 到 k 的整数连乘. 这样就可以通过公式得到 $c(4,3) = (4 \cdot 3 \cdot 2)/(3 \cdot 2) = 4$, 这与我们直观分析的结果是一致的. 这个组合数恰好为二项式展开的系数(参见第一辑第七讲的讨论), 如果令 $c(n,0) = 1$, 则有

$$(a+b)^n = c(n,0)a^n + c(n,1)a^{n-1}b + \cdots + c(n,n-1)ab^{n-1} + c(n,n)b^n,$$

即展开式中 $a^{n-k}b^k$ 项的系数为 $c(n,k)$. 如果我们令 $a = b = 1$, 由上式容易得到, $F(A)$ 中元素的个数为

▶ 这个结论的得到是多么的奇妙!

$$c(n,0) + c(n,1) + \cdots + c(n,n-1) + c(n,n)$$
$$= (1+1)^n = 2^n. \qquad (5.5)$$

康托证明了上述表示形式对无穷集合也是成立的, 也就是说, 可以用"势"来替代(5.5)式中的 n, 这样, 域 $F(A)$ 的势比集合 A 的势大一个数量级. 于是可以猜想:

$$\aleph_1 = 2^{\aleph_0}, \aleph_2 = 2^{\aleph_1}, \cdots \tag{5.6}$$

这样,就可以由"可数多"出发构造出所有的超限数了,人们称(5.6)为广义连续统假设. 最初,康托只是猜想:连续统 c 应当是大于"可数多"的最小超限数. 那么(5.4)可以表述为:

$$c = \aleph_1. \tag{5.7}$$

康托于 1884 年发表了上面这个猜想,并称其为**连续统假设**. 这个假设意味着,在"可数多"与"连续统"之间不存在其他的超限数,也就是说,在自然数(可以推演到代数数)与实数之间不存在基于其他超限数的数系;这也意味着**超限数不会像实数那样连续不断**. 这个结论显然是重要的,希尔伯特在他的著名的 23 个问题中把连续统假设作为第一个问题提出.

◀ 如果连续统假设成立,那么超限数就会像自然数那样排列了.

可以看到,无穷之间存在的"序关系"完全是康托构造出来的,这种建立在"序关系"之上的连续统假设则完全脱离了人们的直观,这样的问题可能被证明吗?

我们在第二辑第七讲讨论希尔伯特的几何公理体系时曾经说过,希尔伯特希望证明公理体系的三条性质,即独立性、相容性和完备性,但是,哥德尔 1931 年那篇划时代的论文否定了这个构想[1],那篇论文的结论是:

---

[1] 参见:Godel, K., *On Formally Undecidable Propositions of Principia Mathematica and Related Systems*, trans. By B. Meltzer, Dover Publications, New Youk, 1992. 也参见:[美]格勒尔主编.哲学逻辑[M].张清宇,陈慕泽,等译.北京:中国人民大学出版社,2008:第 4 章.

存在着相对简单的初等数论问题,不能在该系统(ZF系统)中基于公理而判定.

也就是说,一个相容体系的完备性是不成立的.

哥德尔也深入地研究了连续统的问题,他于1947年在《美国数学月刊》上发表的论文的题目就是"什么是康托的连续统问题?"[①].在这篇论文中,哥德尔猜想[②]:连续统的问题在 ZF 系统中是不可解的.到了 1963 年,美国数学家柯恩用"力迫法"确实证明了连续统假设与不包括选择公理的 ZF 系统甚至与包括选择公理的 ZFC 系统都是独立的,因此,"连续统假设"这个命题的正确与否是无法用 ZF 系统进行判断的,即无法用现代数学正在使用的集合论公理系统进行判断.

> 由此可以推断,广义连续统假设应当成为集合论公理系统中的一个公理,这就像算术公理体系,规定了 1 以后,还要规定 1 的后续.

事实上,连续统假设在表面上是可以理解的.令 **R** 表示所有有理数所组成的集合,因为有理数是可数的,则 # **R**$=\aleph_0$,再由康托定理知道,$\aleph_0 < c$.由(5.4)所表示的无穷的"序关系",$\aleph_1$ 应当是大于 $\aleph_0$ 的最小序号,因此有 $\aleph_1 \leqslant c$;另一方面,因为所有的实数都可以表示为基本序列的极限,即表示为满足柯西收敛准则的有理数列的极限(参见第一辑第八讲的讨论),把这样的有理数列看做 **R** 的一个子集,那么,任意实

---

① 参见:Godel, K., *What is Cantors Continuum Problem?* American Mathematical Monthly,1947:515~525.
② 参见:[美]王浩著.哥德尔[M].康宏逵译.上海:上海译文出版社,1997:415.

数都与 **R** 的一个这样的子集一一对应,于是又可以得到关系式: $c \leqslant \# F(A) = \aleph_1$,其中等式是根据广义连续统假设(5.6),这样就直观描述了(5.6)和(5.7)的正确性.

哥德尔不希望更多地依赖(5.6)式那样的康托的直观构造,在"什么是康托的连续统问题"这篇文章中,哥德尔把连续统假设改写为:

连续统的任何无穷子集的势只有两种可能,或者具有可数个,或者具有连续统的势.

这样,根据(5.2)的定义,连续统的势就是大于"可数多"的最小的势了.

§5.5 序集、良序集与超限归纳法

在前面几讲关于推理的讨论中可以看到,元素之间的传递关系在论证问题中是非常重要的,传递关系包括大小关系、多少关系、包含关系、递推关系等等. 如果我们把具有共性的元素组合成集合,那么,传递关系就可以抽象为建立在集合之上的**序关系**:

◁ 对于集合论公理系统,传递关系也是最重要的.

用 $\prec$ 表示集合 A 上的一个二元关系,这个关系被称为序关系,如果这个关系满足:

1. 自反性：对任何 $a \in A$，都有 $a < a$；

2. 等同性：对 $a \in A$ 和 $b \in A$，如果 $a < b$ 并且 $b < a$，那么 $a = b$；

3. 传递性：对 $a \in A, b \in A$ 和 $c \in A$，如果 $a < b$ 并且 $b < c$，那么 $a < c$；

4. 可比性：对 $a \in A$ 和 $b \in A$，不是 $a < b$ 就是 $b < a$.

> 对于序关系，前三个条件是最本质的.

在通常的教科书中，称满足上面 4 个条件的序关系为**全序**，比如，实数之间的大小关系就是一个全序；称不满足第 4 个条件而满足其他 3 个条件的序关系为**半序**，比如，集合之间的包含关系就是一个半序. 为了数学的精确性，许多数学命题是在半序条件下展开的，比如前面提到的佐恩引理. 很显然，在半序条件下成立的命题在全序条件下也必然成立. 为了讨论问题的方便，我们这一节的所有命题都在全序条件下进行阐述，毕竟我们的目的是讨论数学的思想，不需要拘泥于数学条件的细节上.

> 为什么在半序条件下成立的结果在全序条件下必然成立？

有了序关系，我们就可以讨论现代数学中的一些核心问题了，比如，我们讨论有界的实数集合必然存在收敛的子数列的问题，这是实数理论，甚至是整个数学分析最为基础的命题. 为了了解这个问题的数学思想，我们详细讨论如下. 在这时，序的符号 $<$ 可以写成不等号 $\leqslant$.

对于一个实数集合 A，称实数 b 为集合 A 的**上界**，如果对于任何 $a \in A$，都有 $a \leqslant b$，进一步，称 b 为集

合 A 的**上确界**,如果对于集合 A 的任何上界 c,都有 $b \leqslant c$,通常用 $\sup(A)$ 表示集合 A 的上确界. 如果这个上确界是一个具体的实数,则表示为 $\sup(A)<\infty$,说明这个上确界不是无穷大,这时称集合 A **存在上确界**. 从定义容易知道:如果存在上确界,那么这个上确界是唯一的,并且,在直观上我们也容易接受下面的命题:

如果一个集合存在上界,则必然存在上确界.

但是,这个命题的证明不是很容易的,其中要用到阿基米德[①]公理:对于任意的正实数 b 和正整数 m,必然存在正整数 n,使得 $b<\dfrac{n}{m}$. 我们在第二辑第七讲讨论希尔伯特几何公理体系时曾经涉及这个公理. 现在讨论我们所关心的命题,这个命题可以表述如下:

◀大多数公理看起来都是显然的,但不作出这样的规定就可能会出现反例.

令 A 是一个不空的实数集合,满足 $\sup(A)<\infty$,那么,必然存在 A 中的一个数列 $\{a_n\}$,即 $a_n \in A, n=1,2,\cdots$,使得:当 $n \to \infty$ 时,$a_n \to \sup(A)$.

我们先直观地分析这个命题. 如果集合 A 为闭区

---

① 阿基米德(约前 287~约前 212),古希腊数学家、物理学家、发明家,从实验观测推导数学定律的先驱之一. 生于西西里岛的叙拉古. 他对数学最大的贡献是对几何学的研究. 后人对阿基米德给以极高的评价,常把他和牛顿、高斯并列为有史以来三位贡献最大的数学家.

间 $[a,b]$,那么 $\sup(A)=b$,对于任何正整数 n 我们都可以特别地取 $a_n=b$,显然这个数列收敛到上确界.进一步,如果 $a\neq b$,则存在一个实数 $\varepsilon>0$,使得 $a<b-\varepsilon$,于是我们也可以取数列为 $a_n=b-\varepsilon/n$,这个数列显然满足命题的要求;如果集合 A 为开区间 (a,b),我们仍然可以套用上面的方法,但是,这时上确界 $\sup(A)=b$ 不属于集合 A. 现在给出一般情况下的证明.

证明:对于每一个正整数 n,令 A_n 表示集合

$$A_n=\{\,a\in A;\sup(A)-\frac{1}{n}\leqslant a\leqslant \sup(A)\,\}.$$

▶ 这与证明两种函数连续定义的等价性在本质上是一致的.

因为 $\sup(A)$ 是集合 A 的上确界,因此根据上确界的定义,$\sup(A)-\frac{1}{n}$ 不能是集合 A 的上界,因此对于任何的 n,上面的集合都不是空集.利用选择公理,对于每一个 n,我们在集合 A_n 中选取一个元素 a_n,显然这个元素满足

$$\sup(A)-\frac{1}{n}\leqslant a_n\leqslant \sup(A).$$

那么,当 $n\to\infty$ 时,就有 $a_n\to\sup(A)$.

在上面的证明中,我们再次用到选择公理.现在可以看到,为了数学的严密性,我们必须脱离直觉而是从公理出发,比如选择公理,再比如阿基米德公理.事实上,如果我们抛开这些公理,而用其他的公理代替这些公理,则完全可以构造其他意义上的数学.这也是我们所说的数学第二次抽象带来的副作用,这是

为了把问题合理地解释清楚必须付出的代价.

在上面的证明中也可以看到,收敛到上确界的数列不是唯一的,康托称所有这样的数列是等价的,就像我们在这一讲开始时讨论的那样.

同样,我们可以定义集合的下确界.与上确界一样,集合的下确界可以属于这个集合,也可以不属于这个集合.特别地,如果一个集合 A 的下确界属于集合 A,那么,我们称这个下确界为集合 A 的**最小元**,记为 $\min(A)$.显然,并不是所有集合都存在最小元,比如集合 A 为开区间 (a,b),那么集合 A 就不存在最小元,因为下确界 a 不属于集合 A.

全序集 A 被称为**良序集**,如果 A 的任意一个子集都存在最小元.显然,自然数集是一个良序集,但有理数集和实数集都不是良序集,比如有开区间的例子存在.康托在研究超限数的"序"时,曾经研究过良序集,这是因为他要确定"序"的开始.虽然实数构成的集合不是良序集,但康托猜想:**所有集合都可以良序化**.关于这个问题,希尔伯特阐述得最为清楚,他在 1900 年巴黎国际数学家大会上做了题为"数学问题"的讲演,其中提出了著名的 23 个问题.我们曾经说过,其中的第一个问题就是连续统的问题,希尔伯特关于这个问题的阐述中涉及良序化的问题[①]:

◀ 康托这个猜想不是直观的,甚至是不可思议的.但后来却被证明是正确的.

---

① 参见:[德]希尔伯特著.数学问题[M].李文林,袁向东译.大连:大连理工大学出版社,2009:49~51.

让我来讲述康托的另一个值得重视的命题,它与已经提到的那个定理(连续统假设)有极为密切的关系,也许会给该定理的证明提供一把钥匙.……康托考虑一种特殊类型的有序集,称为良序集,它们可以这样被刻画:不仅是集合本身,而且每一个子集都有首元素.整数系 1,2,3,… 按其自然顺序显然是一个良序集.相反,所有实数的系统即连续统,按其自然顺序显然不是良序集,因为,直线上一个除去起点的线段可以看做子集,它将没有首元素.

现在的问题是:实数全体是否可以按其他方式排列,使得每个子集都有一个首元素,也就是说,连续统是否可以被看做良序集,康托认为这个答案是肯定的.我感到迫切需要的是,对康托这个值得注意的命题作出直接的证明,这种证明多半是通过实际地给出一种数的排列,使得能够在每个子集中指出一个首元素.

> 到了现代数学,序的关系也可以人为规定,只要满足那四个条件即可.因此,现代数学越来越形式化了.

这个问题的核心就是要在实数系统中重新规定一个"序"关系,使得这个系统中的任何子集都存在第一个元素.1904 年,策梅罗利用选择公理证明了这个命题,并称它为良序集定理[①].须要特别强调的是,在策梅罗的证明过程中用到了选择公理.

[①] 参见:Zermelo, E., Beweis, *dass jede Menge wohlfeordnet warden kann*, Matetatical Annalen 59(1904),514~516; English translation in van Heijenoort 1967:139~141. 一个较新的证明参见,Jech, T., *Set Theory, 3rd Edition*, Springer—Verlag: Berlin, 2003:48~49.

第五讲 现代数学基础:集合论

有了良序集定理,就可以把我们曾经讨论过的数学归纳法更一般化,即把数学归纳法由自然数集合推广到任意良序集合,人们称这样的归纳法为**超限归纳法**:

令 A 是一个关于序 $<$ 的良序集,令 P 是定义在 A 上的一个性质,即对任何 $a\in A$,$P(a)$ 或者成立或者不成立. 对任何的元素 $a\in A$,假定存在蕴含关系:一切 $b<a$[①],$P(b)$ 成立必然能够得到 $P(a)$ 成立,那么,对于集合 A 性质 P 成立,即对任何 $a\in A$,$P(a)$ 成立.

◁ 回忆我们关于命题的定义.

在上面的阐述中,似乎有一点与我们曾经讨论过的数学归纳法不同,即没有强调从 $P(0)$ 开始. 事实上,我们所说的"一切 $b\leqslant a$"就已经包括了从第一个元素开始,而第一个元素的存在是由"良序集"这个条件保证的.

◁ 有了超限归纳法,我们就能更好地把握数学归纳法的本质.

可以看到,超限归纳法已经把数学归纳法推广到了最为一般的情况,即突破了自然数的那种"可以一个一个数下去"的性质,但是这只是形式上的,超限归纳法并没有突破数学归纳法最为核心的思想,那就是:如果能够得到命题 P 对"过去"成立就对"现在"成立的结论,那么,命题 P 对所有的"时间"成立. 在这个基础上,我们可以进一步阐述与"数学归纳法"有很大区别的"一般归纳法"的基本思想了,那就是:命题 P

---

① 这里指的是一般的序关系,如果是具体的大小关系,那么可以表示为 b<a.

对现在的任何过去都成立,那么,命题 P 对现在的未来成立. 显然,数学归纳法得到的结论是必然的,因此是演绎推理;一般归纳法得到的结论可能性尽管很大,但不是必然的,因此不是演绎推理. 我们将在下一辑中仔细地讨论后一种思想以及在这种思想指导下产生的各种推理方法.

我们已经比较详细地讨论了集合的定义、集合论公理系统以及一些相关的重要性质. 集合论之所以能够成为现代数学的基础,是因为现代数学从有限走向无限、从定量走向变量、从四则运算走向极限运算,这就不能不涉及对于包括实数在内的无穷量的定义和性质研究,而这些恰恰是集合论的核心内容. 集合论是现代数学的基础,当然也是现代数学推理的基础.

▶ 集合论公理系统虽然是数学家想象出来的,但并不是无端想象的,是有其实际需要的.

第六讲 借助符号表示的推理

阅读提示

如果说,由亚里士多德开创的借助语言的逻辑学是对人类思维活动的第一次抽象的话,那么,由布尔开创的借助符号的逻辑学,是在第一次抽象基础上的第二次抽象.与数学的发展不同,逻辑的第二次抽象不仅很好地解释了第一次抽象,并且因为信息科学和计算机技术的应用,逻辑的第二次抽象本身也发挥着越来越重要的作用.

数学的重大发展在本质上依赖了新的计算方法、新的分析方法的发明,这种发明更多的是依靠人们的直观,而不是依靠如何合理地解释.与此相反,逻辑学的重大发展在本质上是依赖于如何更好地模拟人们的思维过程(至少在现阶段是如此),而模拟的前提就是如何合理地解释人们的思维过程.

数学的思维方式是人类各种思维方式中最为精细的也是最为精确的一种.为了追求精细和精确,我们今天的数学就必须做到:**出发依赖的是符号,论证依赖的是公理,推理依赖的是形式**.也正因为如此,数学就具有了一般性,数学成为了科学的语言,以至于人们已经确信,一门学科要成为科学就必须使用数学的语言.

数学教育的一个基本任务就是,把学科的数学转化为教育的数学.也就是说,除了要顾及数学的严格性之外,还要尽可能地使:把对大多数人枯燥无味的数学转化为对大多数人相对有趣的数学;把对大多数人没有生气的数学转化为对大多数人具有生机与活力的数学.

在前面讨论推理的过程中,已经反复地使用了各种符号,在这一讲,我们把由符号表示的推理过程条理化.我们知道,关于这方面的研究有一个专门的学科,被称为**数理逻辑**①.在上一讲中涉及的良序集、超限归纳法、连续统假设等等的研究,都是一种逻辑研究,并且在研究过程中必须借助符号进行推理,因此在本质上也属于数理逻辑的范畴.此外,我们在第四讲的讨论中曾经谈到,信息科学与计算机技术越来越多地用到基于计算方法的逻辑推理,近些年来情况有了很大的变化,其主要表现就是:信息科学与计算机技术也越来越多地用到了符号表示的逻辑推理本身,这便是数理逻辑.但是,我们这一讲的目的并不想讨论数理逻辑的具体内容,而是要探讨逻辑是如何借助符号得到发展的,因此,这一讲的题目为"借助符号表示的推理".

> 曾经讨论过的计算逻辑也可以看做数理逻辑.

---

① 在这个领域有许多教科书可以借鉴,比如,参见:李未著.数理逻辑:基本原理与形式演算[M].北京:科学出版社,2008.

第六讲 借助符号表示的推理

§6.1 符号表示的开始

借助符号进行推理是从莱布尼茨①开始的,莱布尼茨与牛顿一起发明了微积分,是一位数学家,但更重要的是一位哲学家. 我们简单地回顾一下莱布尼茨是如何借助符号进行逻辑推理的.

在本书第二辑的最后一讲我们阐述过,文艺复兴之后,英国哲学家培根(F. Bacon, 1561～1624)为了科学的发展,毫不留情地批判了古希腊的那些思考原则. 他说②,古希腊人创造的方法可以用来讨论知识,却不能很好地利用知识;可以用来讨论真理,却不能用来发现真理. 培根在他的名著《新工具》中,进一步批评亚里士多德的三段论不能用于发现新的科学. 英国哲学家洛克③(J. Locke, 1632～1704)与培根一样重视经验,甚至建立了一个关于经验的学说,因此,洛克被认为是认识论中经验主义的奠基人. 关于人的认

▶ 培根的观点是有一些道理的,我们将在第四辑中详细讨论.

---

① 莱布尼茨(Gottfriend Wilhelm von Leibniz, 1646～1716),德国最重要的自然科学家、数学家、物理学家、历史学家和哲学家,一个举世罕见的科学天才. 他博览群书,涉猎百科,对丰富人类的科学知识宝库作出了不可磨灭的贡献. 莱布尼茨的研究范围极为广泛,几乎涵盖了当时的一切科学,并且在每一个领域都有杰出成果. 由于他发明了微积分,并发明了微积分符号,从而使他以伟大数学家的称号闻名于世. 他用代数符号表示概念,用代数运算表示推理,创设了一套逻辑符号,把数学方法用于研究一般推理和命题证明.
② 培根《伟大的复兴·序》,参见:西方哲学原著选读:上卷[M]. 北京大学哲学系外国哲学史教研室编译. 北京:商务印书馆,1981:340～345.
③ 洛克(John Locke, 1632年8月29日～1704年10月28日),英国哲学家、经验主义的开创人,同时又是第一个全面阐述宪政民主思想的人,在哲学以及政治领域都有重要影响.

知,洛克提出了有名的白板论,记载在他的名著《人类理智论》[①]一书之中.洛克强调了经验的重要性,强调了一种操作的和机械的直觉,也正因为如此,洛克忽视了人的主动性,忽视了人的活力.莱布尼茨是一个充满活力的人,他完全不同意洛克的观点,为了表示对立,他著书名为"人类理智新论".在这本书中他高度赞扬了亚里士多德的三段论[②]:

三段论形式的发明是人类心灵最美好甚至也是最值得重视的东西之一.……一种代数的演算,一种无穷小的分析,在我看来差不多都是形式的论证,因为它们的推理的形式都是已经预先验证了的,使得我们在使用时不会犯错误.

> 事实上,莱布尼茨并没有反驳培根,因为培根说的是"发现",而莱布尼茨说的是"论证",这二者之间的差异是本质的.

我们应当很好地理解莱布尼茨上面的叙述,因为这段论述特别是后半部分说出了演绎推理的本质.然后,莱布尼茨就用符号解释了三段论.关于全称肯定型和全称否定型(参见第2.1节),莱布尼茨给出的符号表示分别为:

所有 B 是 C,所有 A 是 B,因此所有 A 是 C;
没有 B 是 C,所有 A 是 B,因此没有 A 是 C.

(6.1)

[①] 书名翻译参见:《西方哲学原著选读·下卷》,中译本也译为"人类理解论",关文运译.北京:商务印书馆,1983.
[②] 参见:人类理智新论[M].陈修斋译.北京:商务印书馆,2006:第十七章.

第六讲 借助符号表示的推理

虽然那时还没有集合的概念,但与(2.3)式进行比较可以看到,莱布尼茨已经利用符号充分地表现了集合的思想.更重要的是,莱布尼茨提出了理性演算的思想,这就是说,在思维方面也可以借助符号进行演算.1678 年,莱布尼茨在给朋友的信中以及有关文章中谈道[①]:

演算不是别的,就是用符号作运算,这不只是在数量方面,而是在所有其他的推理中都起作用.……并非所有的表达式都是关于量的,人们能够想出无穷的演算方式来.……一般演算与代数的差别很大,因为确实存在着某种演算与普通习惯的演算完全不同,在这里符号不代表量,也不代表数,而完全是其他一些东西,例如点、性质、关系.

这样,莱布尼茨就形成了构建"一般逻辑"的思路[②].他还建议,称这种一般逻辑为"数学家的逻辑"或者"数理逻辑",后者被人们采纳了,沿用至今.此外,莱布尼茨还是发明符号的专家,现在计算机科学通用的二进制数学就是他发明的.正如第一辑第十一讲中所说,莱布尼茨发明二进制数学是受到《周易》符号系统的启发,因为他于 1703 年发表在《皇家科学院纪录》上的论文《二进制算数的解说》的副标题就

◀许多哲学家具有丰富的想象能力,在莱布尼茨这里得到了充分的体现.

---

① 参见:[德]亨利希·肖尔兹著.简明逻辑史[M].张家龙译.北京:商务印书馆,1977:100.
② "一般逻辑"是莱布尼茨一篇文章的题目,文中他明确表述这种逻辑是关于质的一般科学,而不是关于量的一般科学,即普通数学.

是^①:……它只用0与1,并论述其用途以及伏羲氏使用的古代中国数学的意义.

但真正使逻辑运算走向成熟的是英国数学家和数理逻辑学家布尔^②(G. Boole,1815~1864).因为由布尔创造的逻辑运算非常类似代数运算,因此人们称这种运算逻辑为**逻辑代数**,或者为**布尔代数**.现在,布尔代数是大学计算机专业的一门必修课.布尔的主要工作被总结在1847年出版的《逻辑的数学分析》和1854年出版的《思维规律的研究》之中.布尔进一步强调了**借助符号的推理是具有一般性的**,他在《逻辑的数学分析》中谈道^③:

> 符号代数分析过程的有效性,并不依赖对符号所^④作的解释,而依赖于符号的组合规律.……同一个过程,在一种解释下可以是关于数量问题的解法;在另一种解释下可以是关于几何问题的解法;在第三种解释下可以是关于光学或者力学问题的解法.……我的目的是要建立逻辑演算,在公认的数学分析中得到认可.

正因为如此,布尔创造的借助符号的推理才具有

▶ 这是距莱布尼茨提出逻辑思维150年以后的事情.

▶ 基于符号的运算是具有一般性的,这也是计算机能够发挥巨大效能的原因.

---

① 参见:[英]李约瑟著.中国科学技术史:第2卷[M].北京:科学出版社,1990.
② 布尔(Boole, George,1815年11月12日~1864年12月8日),英国数学家及逻辑学家.布尔的最大贡献就是用一套符号来进行逻辑演算,1847年他出版了这方面的第一本书.1854年,他出版了《思维规律的研究》一书,其中完满地讨论了这个主题并奠定了现在的符号逻辑的基础.布尔被B. 罗素(Russell)描写成纯粹数学的发现者,布尔的名字被用来作为表示某种数学体系的形容词(甚至是不用大写字母的).
③ 参见:Boole, G.,*The Mathematical Analysis of Logic*, Oxford: B. Blackwell, 1951:3~4.中译本参见:张家龙著.数理逻辑发展史[M].北京:社会科学文献出版社,1993:59~60.
④ 基于符号的运算是具有一般性的,这也是计算机能够发挥巨大效能的原因.

普适性,才有可能成为现代计算机的通用语言. 如果说,由亚里士多德开创的借助语言的逻辑学是对人类思维活动的第一次抽象的话,那么,由布尔开创的借助符号的逻辑学是在第一次抽象基础上的第二次抽象. 我们必须强调:与数学的发展不同,逻辑的第二次抽象不仅很好地解释了第一次抽象,并且因为信息科学和计算机技术的应用,逻辑的第二次抽象本身也发挥着越来越重要的作用. 分析其原因,我想,数学的重大发展在本质上是依赖于新的计算方法、新的分析方法的发明,这种发明更多的是依靠人们的直观,而不是依靠如何合理地解释,因此,第二次抽象的功效并不明显. 与此相反,逻辑学的重大发展在本质上是依赖于如何更好地模拟人们的思维过程(至少在现阶段是如此),而模拟的前提就是如何合理地解释人们的思维过程,因此,第二次抽象的功效明显. 下面我们分析逻辑的第二次抽象是如何实现的.

◀ 在这里,我们可以再一次体会到符号表达的事实性.

§6.2 布尔的符号运算及其发展

为了与前面讨论一致,我们仍然用大写字母 A, B, C 表示集合,用小写字母 a, b, c 表示元素,用 P, Q 表示命题,用希腊字母 Ω 表示类. 布尔也是用 0 表示空集,但也用 0 表示一个命题不成立;用 1 表示研究问题的全体,如果 A 是与研究问题有关的集合,那么 $A^C = 1 - A$ 就包括了所有与研究问题有关的且不在集合 A 中的元素,A^C 被称为对于 1 的集合 A 的补集,通

常简称为集合 A 的**补集**,如图 6-1 所示[①]。比如,我们研究"整数",用 A 表示"正整数"的集合,那么,A^C 就表示"负整数和零"组成的集合.当然,我们可以推广补集的概念:如果 $A \subseteq B$,那么 $B-A$ 表示集合 A 相对于集合 B 的补集,这与我们在第 5.1 节讨论过的是一样的,但这个时候,我们就不能简称 $B-A$ 为集合 A 的补集了,因为这时的补集只是相对集合 B 而言的.

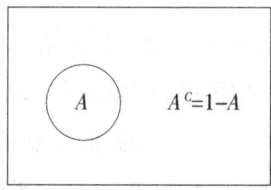

图 6-1 相对于 1 的集合与补集

▶ 布尔代数的运算可以参见集合的运算,但有许多地方是不同的.

布尔还定义了两种运算:加法和乘法,这些运算与我们通常使用的数的运算有着非常类似的性质,直观解释可以参见图 6-2.对于集合 A 和 B,我们定义

加法:与集合的并是对应的,表示为 $A+B$,在现代数学中也表示为 $A \cup B$.进一步,对于元素 a 和 b,用 $a \vee b$ 表示 a 和 b 中大的一个,相当于 $\max\{a,b\}$;

乘法:与集合的交是对应的,表示为 $A \cdot B$,在现代数学中也表示为 $A \cap B$.进一步,对于元素 a 和 b,用 $a \wedge b$ 表示 a 和 b 中小的一个,相当于 $\min\{a,b\}$.

---

① 通常称这样的图为文恩图,因为这种图的表示方法是英国逻辑学家文恩(J. Venn, 1834~1923)在 1881 年出版的著作《符号逻辑》这本书中给出的.

正如我们分析数的运算那样,加法是最为基本的运算,那么就元素而言,上面定义的 ∨ 和 ∧ 运算是数理逻辑中的基本运算.

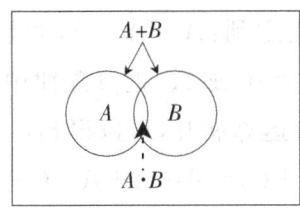

图 6 - 2 相对于 1 的集合的加法与乘法

容易验证,加法和乘法运算满足下面的性质:

1. **交换律**　$A+B=B+A$；$A \cdot B=B \cdot A$.
2. **结合律**　$A+(B+C)=(A+B)+C$；
$A \cdot (B \cdot C)=(A \cdot B) \cdot C$.
3. **分配律**　$A+(B \cdot C)=(A+B) \cdot (A+C)$；
$A \cdot (B+C)=(A \cdot B)+(A \cdot C)$.

可以看到,分配律中的第一个式子是与数的运算不符的,但对于集合运算是正确的,我们现在验证这个结果.

对于任意属于式子的左边的元素 a,根据定义有: $a \in A$,或者,$a \in B \cdot C$(即 $a \in B$ 同时 $a \in C$),因此, $a \in A+B$ 同时 $a \in A+C$,这样 a 就属于式子的右边.

对于任意属于式子的右边的元素 a,那么, $a \in A+B$ 同时 $a \in A+C$,分两种情况:a 属于 A 或者

不属于 A. 当 a 属于 A 时, 则 a 属于式子的左边; 当 a 不属于 A 时, a 必须属于 B 同时属于 C, 即属于 $B \cdot C$, 这样 a 也属于式子的左边.

如果我们注意到: $A \cdot A = A$, 并且注意到: 如果 $B \subseteq A$, 则 $A + B = A$, 那么, 把分配律中的第一式的右边按照通常的数运算展开, 可以得到:

$$(A+B) \cdot (A+C) = A \cdot A + A \cdot C + B \cdot A + B \cdot C$$
$$= A + A \cdot C + A \cdot B + B \cdot C$$
$$= A + A \cdot (C+B) + B \cdot C$$
$$= A + B \cdot C$$

其中, 第三个等号利用了分配律的另一个关系式, 第四个等号是因为包含关系 $A \cdot (C+B) \subseteq A$ 成立, 并且 $A + A = A$. 可见, 对于集合或者命题的演算, 可以模仿通常的数的运算. 关于上面提到的注意事项, 可以总结成为下面的性质:

4. **吸收律**. $A + (A \cdot B) = A$; $A \cdot (A+B) = A$.

5. **等幂律**. $A + A = A$; $A \cdot A = A$.

因为 1 是最大的, 对任何集合 A 都有 $1 + A = 1$, 又因为 0 是最小的, 对任何集合 A 都有 $A \cdot 0 = 0$, 据此, 可以得到下面的性质:

6. **0-1 律**. $A \cdot 0 = 0$; $1 + A = 1$.

7. **德摩根律**. $(A+B)^C = A^C \cdot B^C$;
$$(A \cdot B)^C = A^C + B^C.$$

第六讲 借助符号表示的推理

可以看到,德摩根律相当于加法的逆运算和乘法的逆运算,是非常重要的.下面我们来证明德摩根律.对于第一个等式,我们有

$$A^C \cdot B^C = (1-A) \cdot (1-B)$$
$$= 1 - A - B + A \cdot B$$
$$= 1 - (A+B) = (A+B)^C,$$

即为所要的结果,其中第三个等号用到了 0—1 律,即 $1 + A \cdot B = 1$. 如果在第一个等式中,把 A 换成 A^C,B 换成 B^C,可以得到

$$A \cdot B = (A^C + B^C)^C,$$

然后对上式两边同时取补集,并且注意到 $(A^C)^C = A$,就可以得到德摩根律的第二个式子.

在前几讲讨论推理的合理性时,我们曾经反复利用了集合的包含关系,并且强调包含关系具有传递性,现在我们讨论包含关系与符号运算之间的关系.

首先,容易验证:

$$A \subseteq A+B, \quad B \subseteq A+B, \quad A \cdot B \subseteq A, \quad A \cdot B \subseteq B. \tag{6.2}$$

利用上面的结果,可以证明下面的三个关系是等价的:

① $A \subseteq B$;

② $A + B = B$;

③ $A \cdot B = A$.

$$(6.3)$$

> 这个结论是重要的,因为我们已经讨论了包含关系对于逻辑推理的重要性.

也就是说,其中一个关系成立,那么其他两个也都成立,这意味着:**集合的包含关系,可以通过集合运算的等式进行表达**.上述等价性可以证明如下.

如果①成立,那么 $A + B \subseteq B + B = B$,再利用(6.2)的第二个式子可以得到②;

如果①成立,还可以得到 $A \subseteq A \cdot B$,再利用(6.2)的第三个式子可以得到③;

如果②成立,利用(6.2)的第一个式子可以得到①;

如果③成立,利用(6.2)的第四个式子可以得到①.

这样就完成了证明.

现在,我们就可以利用符号运算"证明"逻辑推理的基础:**包含关系具有传递性**,即"证明"

$A \subseteq B, B \subseteq C$,则 $A \subseteq C$.

我们尝试证明如下.由(6.3)知道,对于上述命题可以等价地证明:

$A \cdot B = A, B \cdot C = B$,则 $A \cdot C = A$.

> 居然可以用符号运算来证明逻辑推理本身的正确性,似乎是不可思议的.

事实上,$A \cdot C = (A \cdot B) \cdot C = A \cdot (B \cdot C) = A \cdot B = A$,这就完成了证明,其中第二个等号用到了乘法结合律.我们说过,传递关系是三段论推理的核心,这样,我们就可以利用符号运算来解释亚里士多德的三段论,进一步,可以解释所有借助传递关系的逻辑推

第六讲 借助符号表示的推理

理.比如,对于莱布尼茨用符号表示的亚里士多德三段论(6.1)式,我们可以通过符号运算进行逻辑推理,下面是全称肯定型:

输入 A,B,C.

1. 计算 $B \cdot C$.
2. 如果 $B \cdot C = B$,到指令 4. 否则
3. 停止,输出"否".
4. 计算 $A \cdot B$.
5. 如果 $A \cdot B = A$,到指令 7. 否则
6. 停止,输出"否".
7. 停止.

输出"可".

显然,通过上面的计算过程可以知道,如果输出的是"否",则命题不成立;如果输出的是"可",则命题成立.在上面的程序中,人们可能会认为要验证集合运算 $B \cdot C = B$ 是复杂的,是不好操作的,这是因为如果集合中包含很多元素,我们很难对每一个元素都进行验证.事实并非如此,因为有非常简捷的验证方法,即只需要验证 0 和 1 就可以了,具体说明如下:

◀ 进一步,可以通过计算机来判断逻辑推理本身的正确性.

用 $f(A)$ 表示集合 A 的加、乘和补的运算,则

$$f(A) = [A + f(0)] \cdot [A^C + f(1)]. \qquad (6.4)$$

我们来验证上面的式子,当 $f(A)=A$ 时,上式为 $A=[A+0]\cdot[A^C+1]$,这个结果成立显然. 其次,由德摩根律,上式右边的补集为:

$$[A^C\cdot f^C(0)]+[A+f^C(1)]$$
$$=[A+f^C(0)]\cdot[A^C+f^C(1)],$$

这恰恰是 $f(A)$ 的补集合. 进一步,如果令 $g(A)$ 是另一个关于集合 A 的运算函数,我们借助(6.4)式来计算两个函数的加法和乘法:

$$f(A)+g(A)$$
$$=[A+f(0)]\cdot[A^C+f(1)]+[A+g(0)]\cdot[A^C+g(1)]$$
$$=[A+f(0)+g(0)]\cdot[A^C+f(1)+g(1)];$$

$$f(A)\cdot g(A)$$
$$=[A+f(0)]\cdot[A^C+f(1)]\cdot[A+g(0)]\cdot[A^C+g(1)]$$
$$=[A+f(0)\cdot g(0)]\cdot[A^C+f(1)\cdot g(1)].$$

因为集合的所有运算都是在加法、乘法的运算法则以及七个性质的基础上进行的,因此(6.4)式对于所有的 $f(A)$ 是正确的.

我们可以把上面的方法推广到 n 个集合的情况,比如,两个集合的情况:

$$f(A,B)$$
$$=[A+B+f(0,0)]\cdot[A+B^C+f(0,1)]\cdot[A^C+B+f(1,0)]\cdot[A^C+B^C+f(1,1)].$$

并且可以得到下面很重要的命题[①]:

[①] 一个详细的讨论可以参见:[美]古德斯坦著. 布尔代数[M]. 刘文,李忠傧译. 北京:科学出版社,1978:39.

第六讲 借助符号表示的推理

对于集合运算函数 $f(A,B)$ 和 $g(A,B)$,如果 $f(0,0)=g(0,0), f(0,1)=g(0,1), f(1,0)=g(1,0)$ 和 $f(1,1)=g(1,1)$,那么,$f(A,B)=g(A,B)$.

比如,要验证 $B \cdot C = B$,令 $f(B,C) = B \cdot C$,$g(B,C) = B$,根据上面的命题,只需要验证四种情况就可以了. 这样,对于集合运算的验证就比较容易了,进而,利用符号的逻辑运算也就可能了.

我们也可以把上面的关于集合的运算转换成为命题的运算. 如果用 P 和 Q 表示两个命题,那么,$1-P$ 和 $1-Q$ 就分别表示它们的否命题. 这样,两个命题的组合就是:

◀ 这里给出的是命题判断与符号运算的对应关系.

P 真 Q 真:$P \cdot Q$;

P 真 Q 假:$P \cdot (1-Q)$;

P 假 Q 真:$(1-P) \cdot Q$;

P 假 Q 假:$(1-P) \cdot (1-Q)$.

如果用 P 表示"马"这种动物,用 Q 表示"白颜色的"动物,那么"白颜色的马"是指两个命题都为真,则可以用 $P \cdot Q$ 表示,由(6.2)式可以得到:$P \cdot Q \subseteq P$,因此公孙龙子所说"白马非马"是不符合逻辑运算的. 那么公孙龙子为什么要强调如此不符合逻辑的命题呢? 我想,事实上,公孙龙子是在强调定义中"所指项"与"命题项"之间的差异,即强调"具体"与"一般"之间的差异,详细的讨论参见本书的附录.

由等幂律 $A \cdot A = A$,容易得到 $A \cdot (1-A) = 0$. 根据这个原则,布尔给出了亚里士多德三段论的一个有趣的符号运算模式[1]. 考虑全称肯定型:

所有的 A 是 P:$A \cdot (1-P) = 0$.
所有的 B 是 A:$B \cdot (1-A) = 0$.
/所有的 B 是 P:$B \cdot (1-P) = 0$.

我们来看看布尔是如何通过符号运算把上面"希望得到的结论"计算出来的. 首先,把两个条件的式子左边与左边、右边与右边相加,可以得到

$$f(A) \equiv (1-P) \cdot A + B \cdot (1-A) = 0.$$

其中的符号 $\equiv$ 表示定义. 容易验证 $f(1) = 1-P$, $f(0) = B$,则上式可以写为:

$$f(A) = f(1) \cdot A + f(0) \cdot (1-A) = 0,$$

解方程可以得到:

$$A = f(0)/[f(0) - f(1)],$$
$$1 - A = -f(1)/[f(0) - f(1)],$$

两式相乘可以得到:

$$A \cdot (1-A) = -f(0) \cdot f(1)/[f(0) - f(1)]^2.$$

因为由等幂律可以得到上面等式的左边为 0,那么,上面等式右边的分子必须为 0,即

---

[1] 参见:Boole, G., *An Investigation of the Lews of Thought*, London:George Bell., 1854:75~77.

$$f(0) \cdot f(1) = 0. \qquad (6.5)$$

于是,根据 $f(0)$ 和 $f(1)$ 的定义得到结论: $B \cdot (1-P) = 0$. 这样,就完成了三段论的符号逻辑证明. 布尔称上面的(6.5)式为"消去律",并说明在三段论的符号运算中,(6.5)式是一个非常重要的公式. 最后特别要强调的是,借助布尔代数,形式逻辑的三个基本原则也可以用符号运算表示:

◀布尔的这个证明是多么的巧妙,又是多么的合情合理.

同一律:$P = P$.
排中律:$P + (1-P) = 1$.
矛盾律:$P \cdot (1-P) = 0$.

后来又有许多逻辑学家们对于逻辑的符号运算作出重要的贡献. 英国数学家、逻辑学家德·摩根(A. De Morgan,1806~1871)强调关系逻辑,即在强调"量化"的基础上,进一步强调"质化". 他用 L 表示关系,并且给出一些关系逻辑的原理,比如用 $-L$ 表示逆关系,那么,一条重要的原理是:逆关系的相反者是相反者的逆关系,表示为 $(-L)^C = -L^C$,即逆关系的补集为补集的逆关系. 他还重视关系的传递性,正如我们在第二讲中讨论的那样:xLy, yLz,则 xLz. 他举例说明不具有传递性的三段论形式的推理可能会出现错误的结果,比如[①]:

---

① 参见:M. 克莱因著. 数学:确定性的丧失[M]. 李宏魁译. 长沙:湖南科学技术出版社,1997:184.

苹果是酸的.

酸的是味道.

/苹果是味道.

> 这个反例对于理解基于传递关系的推理是重要的.

就是错误的,原因就在于这个推理不具备传递关系.

美国哲学家皮尔斯①(C. Peirce,1839~1914)进一步发展了关系逻辑,提出了用命题函数表达的关系命题,比如用 L 表达情人关系,那么,$L_{ij}=1$ 就表示 i 与 j 有情人关系,$L_{ij}=0$ 就表示 i 与 j 没有情人关系.这样关系命题也可以进行运算,如果再用 Q 表示恩人,那么 $L+Q$ 就表示:是情人或者恩人,$L \cdot Q$ 表示:即是情人也是恩人,并且有:$(L+Q)_{ij}=L_{ij}+Q_{ij}$,$(L \cdot Q)_{ij}=L_{ij} \cdot Q_{ij}$.

我们曾经提到的德国逻辑学家弗雷格也对数理逻辑的发展起到了关键的作用,提出并表达了命题演算和谓词演算.他从逻辑前提出发定义自然数,给出了自然数中"直接后继"的概念.

§6.3 自然数公理体系

我们在第一辑的一开始就讨论了自然数,讨论了自然数的四则运算,但是,随着数学研究的深入,特别是极限运算的出现,给数学家们带来了一系列的困惑,数学家们终于认识到:为了给出极限运算合理的

---

① 皮尔斯(Peirce,Charles Sanders,1839~1914),美国唯心主义哲学家,实用主义的创始人.

解释,必须重新定义自然数和自然数的运算法则.但是,一直到 19 世纪末,由于意大利数学家、逻辑学家皮亚诺(G. Peano,1858~1932)总结性的工作,自然数的公理体系才建立起来,得到人们的广泛认可,沿用至今.

从表面看,皮亚诺受到了弗雷格关于自然数"直接后继"的影响,但皮亚诺认为他的算数公理化的思想是来源于德国数学家戴德金,是受了 1888 年出版的小册子《什么是数,它有什么意义?》的影响.在这本小册子中,戴德金提出了"链"的概念,这实质是一种具有递推功能的映射:$\Phi(x_n)=x_{n+1}$,这种表示在现代数学中被广泛应用.在这本小册子中,戴德金对这种映射解释道[①]:

◀ 由"现在"推测下一个"未来",已经成为经济学、生物学等领域构建数学模型的常用手法.

如果在考虑被映射 Φ 排成次序的简单无穷系统 N 时,我们忽略元素的特殊性质,只保留它们可区别的性质,并只考虑它们之中存在的、通过有次序的映射 Φ 所形成的一对一的关系,那么,这些元素就称为**自然数**,或者**序数**,或者简称为**数**,基本元素 1 称为数列的**基本数**.……它们构成了数或者**算数科学**的直接对象.

1889 年,皮亚诺发展了戴德金的思想,在《用一种

---

① 参见:[英]威廉·涅尔,等著.逻辑学的发展[M].张家龙,洪汉鼎译.北京:商务印书馆,1985:592.

新方法陈述的算数原理》中提出了自然数的算数公理体系.他明确地在"数"的系统使用了公理的概念,提出下面九条公理:

公理 1　$1 \in \mathbf{N}$.

公理 2　$a \in \mathbf{N}$,则 $a = a$.

公理 3　$a, b \in \mathbf{N}$, $a = b$ 等价于 $b = a$.

公理 4　$a, b, c \in \mathbf{N}$,如果 $a = b, b = c$,则 $a = c$.

公理 5　$a = b$,如果 $b \in \mathbf{N}$,则 $a \in \mathbf{N}$.

公理 6　如果 $a \in \mathbf{N}$,则 $a + 1 \in \mathbf{N}$.

公理 7　$a, b \in \mathbf{N}$,如果 $a = b$,则 $a + 1 = b + 1$.

公理 8　$a \in \mathbf{N}$,则 $a + 1 \neq 1$.

公理 9　令 A 是一个类,$1 \in A$. 如果 $a \in \mathbf{N} \cap A$,则必有 $a + 1 \in A$,那么,$\mathbf{N} \subseteq A$.

▶ 与公理 6 比较可以看到,一个是确定了自然数可以递推产生,一个是确定了自然数运算的性质可以递推产生.

上面的第 9 条是令人费解的,实际上,这个公理述说了**数学归纳的公理框架**[①]:是一个产生无限多个公理的模板. 比如,令 $P(a)$ 是与元素 a 有关的命题,A 是关于命题 P 成立的元素 a 所构成的集合,条件说的是:如果 $P(a)$ 成立则 $P(a+1)$ 成立;结论说的是:这个命题对所有自然数 $\mathbf{N}$ 成立. 这恰恰是我们曾经详细讨论过的数学归纳法.

其中,第 1 条中的 1 后来皮亚诺改为 0,相应的,第 8 条中也改为 $a + 1 \neq 0$,说明 0 不是任何自然数的

---

① 参见:陶哲轩著.陶哲轩实分析[M].王昆杨译.北京:人民邮电出版社,2008:16.

第六讲 借助符号表示的推理

后继. 第 5 条说的是: 与数等价的都是数, 第 6 条说的是: 数的后继是数, 这样, **通过后继就可以得到所有的自然数**. 在人们的日常生活和生产实践中, 如何表示自然数是非常重要的, 比如我们在第一辑中讨论过, 可以用十个符号和进位制表示无限多个自然数, 这就是我们现在使用的"十进制", 当然也可以用"二进制"来表示所有的自然数. 但是, 对于自然数公理体系来说, 用什么符号表示自然数反而是不重要的, 因为即便有不同的数系, 只要这些数系满足上面的公理, 则数系之间是等价的, 或者说数系之间是同构的.

◀ 通过后继产生无穷多的东西, 已经成为数学论证的一个重要思路.

下面, 我们重点讨论第 7 条, 我想, 这条想要说的是: 数的后继是唯一的. 但公理的述说不够严密, 似乎还应当加上: 如果 $a+1=b+1$, 则 $a=b$, 这样这个公理就是充分必要的了. 比如, 我们要说明:

$$4 \neq 3.$$

可以用反证法, 如果 $4=3$, 那么根据修改后的第 7 条公理有 $3=2$, 进而 $2=1$, 因为后一个等式与第 8 条公理矛盾, 因此 $4 \neq 3$.

这样, 通过上面的 9 条公理就把自然数的公理体系建立起来了, 并且在这个公理体系下就可以定义加法了. 我们通过第 9 条归纳公理来定义加法, 从 0 开始:

◀ 这样, 加法运算就可被"定义"出来了. 虽然人们早就发明了加法运算, 但为了数学的严格, 还需要重新定义.

对于自然数 $b \in \mathbf{N}$, 定义: $0+b=b$.

如果对于自然数 $a \in \mathbf{N}$, 定义了 $a+b$,

那么,就可以得到:$a+(b+1)=(a+b)+1$.

比如,对于自然数 $a\in \mathbf{N}$,可以得到
$$a+2=a+(1+1)=(a+1)+1,$$
$$a+3=a+(2+1)=(a+2)+1$$
$$=((a+1)+1)+1.$$

▶ 可以看到,布尔代数体系、自然数公理体系和集合论公理体系中,有许多设计想法是一致的.

正如我们在第一辑中讨论的那样,通过加法可以派生出乘法、减法、除法,即得到四则运算,并且可以得到四则运算的交换律、结合律、分配律.这些定律都是可以通过第9条数学归纳公理证明的,而不需要像布尔代数那样,通过公理来保证.

有了加法,我们就可以在自然数集 $\mathbf{N}$ 上定义大小关系了:对于 $a,b\in\mathbf{N}$,称 a 大于 b,如果存在不为 0 的自然数 $c\in\mathbf{N}$,使得 $a=b+c$,记为:$a>b$.类似地,我们可以定义小于关系,并用 $a<b$ 表示 a 小于 b.进一步,我们还可以用第9条数学归纳公理证明著名的"三歧性"定理:

对于 $a,b\in\mathbf{N}$,下面三种情况:$a<b,a=b,a>b$,有且仅有一种情况成立.

后来康托、戴德金等人把三歧性定理扩展到实数,建立了实数理论;康托、策梅罗等人把三歧性定理扩展到集合的"势",对于集合论的发展起到至关重要的作用.事实上,策梅罗关于良序集的证明就反复用

第六讲 借助符号表示的推理

到了三歧性定理.

我们曾经多次谈到,罗素对于数理逻辑学的发展起到重要的作用,他与英国哲学家、数学家怀特海(A. Whitehear,1861~1947)合著了三卷本的巨著《数学原理》,这本巨著就是后来哥德尔在那篇划时代的论文中提到的一个形式系统.哥德尔提到的另一个形式系统是我们已经详细讨论过的 ZF 集合论公理化体系.但是罗素与怀特海合著的三卷本实在是不好理解,以至于罗素在他晚年的著作《我的哲学的发展》中抱怨道:"大家只从哲学的观点来看《数学原理》,怀特海和我对此都表示失望".① 他举例说:"超限归纳法这个问题,是在《数学原理》的第三卷里充分讨论过的,但人们都没有注意到."在那本晚年的著作中,罗素还说到他的思考受到了皮亚诺的影响,他在第六章《数学中的逻辑技巧》中给出了详细的描绘②:

◀ 现代数学的基本理论,几乎都是在那个时代建立起来的.

在 1900 年巴黎开国际哲学会的时候,我意识到逻辑改革对于数理哲学的重要性.我是因为听了来自突林的皮亚诺和到会的其他哲学家的讨论才认识到了这一点.在此之前,我不知道他曾经研究过些什么.

---

① 参见:[英]伯兰特·罗素著.我的哲学的发展[M].温锡增译.北京:商务印书馆,1995(原书写于 1959 年):76.
② 参见:《我的哲学的发展》第 57 页.也参见:M.克莱因著.数学:确定性的丧失[M].李宏魁译.长沙:湖南科学技术出版社,1997:218.但后者说这段话是出自罗素的自传,并且引文中的会议是第二届国际数学家大会.

但我深深感到,在每次讨论的时候,他总是比别人更精确,在逻辑上更严密.我去见他,并对他说:"我想把你所有的著作都读一下,你身边有吗?"他有.我立刻把他的著作都读了,正是这些著作促使我对数学原理有了自己的主张.

哥德尔对于数理逻辑的贡献是巨大的,如他在1931年发表的那篇划时代的论文的开始部分所说,他的工作受到了罗素-怀特海著作、ZF集合公理系统、以及皮亚诺算术公理体系的影响.后来,美国数学家柯恩对于数理逻辑的贡献也是巨大的,他在1967年的论文《非康托集合论》中明确说明,他所构建的"证明连续统与ZF公理体系独立"的模型就是受到哥德尔模型的影响.我们曾经反复谈到过这些学者们的工作,现在就不重复了,但在这些学者的传承过程中,我们可以体会到"借助符号表示推理"的发展脉络.

> 要构建一个不满足某个公理体系的模型是相当困难的,这个工作是从构建非欧几何开始的.

数学论证问题的思维方式是人们处理各种事物的思维方式的一种.很显然,思维方式与人思考问题的对象有关,一个长期思考社会问题的人所形成的思维方式与一个长期思考数学问题的人所形成的思维方法必然会有所不同.但是,思维方式中最为基本的核心应当是一致的,正如我们在绪论中引用恩格斯所说的那样,这个核心必须依附于自然的规律.

> 也正因为如此,数学才能成为各种科学的基础.

数学的思维方式是人类各种思维方式中最为精细的也是最为精确的一种,我们从上面的对于算术公

第六讲 借助符号表示的推理

理体系的讨论就可以看到这一点.为了达到精细和精确,数学从一开始,然后过程,然后结论,都必须是确定无疑的.可是,我们生活的万千世界实在是太复杂,以至于几千年数学实践告诉我们的道理是,任何一般性的论述一旦赋予了具体的内容,那么就必然是经验的,就必然会出现反例.于是为了追求精细和精确,我们今天的数学就必须是:出发依赖的是符号,论证依赖的是公理,推理依赖的是形式.但也正因为如此,数学就具有了一般性,数学成为了科学的语言,以至于人们已经确信,一门学科要成为科学就必须使用数学的语言.关于现代数学的精细和精确,英国数学家阿蒂亚(M. F. Atiyah,1929~)有一段精彩的描述①:

◀所以,在数学教学的过程中,只能通过举例来说明道理,而不能通过举例来论证道理.

现在你可能会问:什么是严格性?一些人把"严格"定义为"rigor mortis(僵化)",相信伴随纯粹数学而来的,是对那些知道如何得到正确答案的人的活动的抑制.我想,我们必须再次记住数学是人类的一种活动.我们的目标不仅是要发现些什么,而且要把信息传下去.……严格的数学论证的作用正在于使得本来是主观的、极度依赖个人直觉的事物,变得具有客观性并能够加以传递.我完全不想拒绝直觉带来的好处,只是强调为了能向他人传播,所获得的发现最终应以如下方式表述:清晰明确,毫不含糊,能被并无开

---

① 参见:[英]阿蒂亚著.数学的统一性[M].袁向东编译.大连:大连理工大学出版社,2009:35~36.

创者的那种洞察力的人理解.……一旦你进入研究的下一阶段,对已得到的结构开始提出更复杂、更精细的问题时,对最初的基础性工作的深入理解就会变得越来越重要.所以,正是你所从事的研究本身,需要严格的论证,如果缺乏牢固的基础,你修建的整座建筑将岌岌可危.

但是,我们也必须看到,这样的数学带来的负面影响是:缺少了生动与活力.正如阿蒂亚在进一步分析数学与社会的关系时说[①],对于门外汉而言,这些都是枯燥无味的东西,没有一点生气.当然他也强调,数学家能够感悟到数学的美,正是数学家的那种基于美感的直觉使得数学得到发展.可是,对于中小学校甚至大学的数学教育而言,绝大多数的学习者现在是并且将来也是阿蒂亚所说的数学门外汉.事实上,我们的社会也不需要那么多的数学专家,因此,数学教育的一个基本任务就是:**把学科的数学转化为教育的数学**.也就是说,除了要顾及数学的严格性之外,还要尽可能地:把对大多数人枯燥无味的数学转化为对大多数人相对有趣的数学;把对大多数人没有生气的数学转化为对大多数人具有生机与活力的数学.这个转变是非常困难的,虽然数学教育工作者特别是广大的中小学数学教师们为了这个转变做了大量的工作,但

▶ 虽然对于大多数学生而言,他们可以是数学的门外汉,但是他们也应当理解数学,能够感悟到数学是一种非常有力的工具,能够感悟到数学的美.

---

① 参见:[英]阿蒂亚著.数学的统一性[M].袁向东编译.大连:大连理工大学出版社,2009:35~36.

第六讲　借助符号表示的推理

是,随着社会的发展,教育理念发生了很大的变化:从传统的以知识传授为核心的教育逐渐过渡到以人的全面成长为核心的教育,因为未来社会不仅重视知识的把握,还要重视创造的活力.为此,对于未来的数学教育来说,单纯的知识传授和技能的培养是不够的,还需要让受教育者了解数学的思想,积累一定的数学活动经验(更详细的讨论参见第二辑的最后一讲);在这样的数学教育的过程中,仅仅述说那些脱离了具体内容的数学是不够的,应当通过各种生动的事物和教学过程,启发学生理解那些数学符号、公理体系和论证形式的内涵,培养学生学会思考,学会质疑,学会创造.这也是促使我下决心写《数学思想概论》这本书的原因,包括这一辑已经完成三辑了,希望这些书对于学习数学的大学生,对于工作在数学教育第一线的中小学教师能够有一点帮助.

在第四辑,我们将讨论**数学中的归纳逻辑**.大家知道,归纳逻辑的思维方法对于学会**从条件预测结果以及从结果探究原因**是至关重要的.

附录
中国古代的命题、定义和推理

这是一个非常难研究又非常应当研究的话题。命题和定义都属于方法论的范畴,许多西方的学者认为,一些东方的学者也认为,在古代中国没有对方法论进行过深入的研究,甚至没有形成固定的方法论的体系[①],比如,爱因斯坦(Einstein,1879~1955)就曾经说过[②]:

西方科学的发展是以两个伟大成就为基础,那就是:希腊哲学家发明的形式逻辑体系(在欧几里得几何学中),以及通过系统的实验发现有可能找出因果关系(在文艺复兴时期).在我看来,中国的贤哲没有走上这两步,那是用不着惊奇的.令人惊奇的倒是这些发现(在中国)全都做出来了.

爱因斯坦所说的两个伟大成就,前者指的是演绎推理,后者指的是归纳推理,这两个推理方法构成了西方科学思维的基础.从上文可以知道,爱因斯坦对于中国的了解是不够的,但也从一个侧面说明,中国的学者们没有非常系统地整理自己民族的思维模式和推理方法,使得人

---

① 参见:俞宣孟著.本体论研究[M].上海:上海人民出版社,2005:41~50.
② 这是爱因斯坦在1953年写给朋友的信,李约瑟(Joseph Needham)在1961年发表的论文中全文引用了这封信.参见:爱因斯坦文集·Ⅰ[M].许良英,范岱年编译,北京:商务印书馆,1976:574.

们很难了解中国.这一点,在全球经济一体化的今天,在中国经济快速发展的今天,在中国希望自己的文化能够影响世界的今天,不能不说是一个缺憾.当然,这个系统整理是一个非常庞大而复杂的工作,绝对不是靠几位学者在短时间就可能完成的.

任何一个民族的语言,只要能够达到交流的程度就必然会出现命题,也就是说必然要出现能够进行判断的语句;为了明确命题的确切含义就必然会出现定义,也就是说要出现能够确切表达内涵的概念;为了得到规律性的东西就必然会出现推理,也就是说必然要出现对命题进行判断的思维过程.如果这个语言经历了很长时间仍然被保留下来,那么,就必然会形成一些习惯性的、约定俗成的东西,于是就逐渐形成了自己的思维模式.

在这个附录中,我们将对一些最基本的问题进行讨论.就研究而言,我对中国古代的哲学、历史和文学完全是一个外行,甚至对古汉语中的许多语句也不能很好理解,但幸运的是我在大学工作,这里有许多很有学识的同事,他们能帮我的忙,为此,我可以进行一些尝试性的阐述.我想,为了使这本书更加完整,我必须花费较大精力研究并且讨论中国古代的论理方式.

为了讨论问题的方便,我们称那种以演绎推理为核心的思维方式为西方的推理模式.从前面的讨论我们知道,这种推理模式很大程度上受到了古希腊文明的影响.在这里必须强调的是,我们所说的思维方式是指大多数的情况下的一种普遍的思维方式,我们不能排除个别情况的出现,因为在本质上,思维方法是因人而异的.

§A1 认知的对象

我想,之所以会给人们造成"中国古代没有形成方法论"的印象,主要原因可能是因为在古代中国的思维过程中没有演绎推理,或者说,古代中国的人们对演绎推理的思维模式不感兴趣.而演绎推理恰恰是西方所说的方法论的发端,于是他们就可能产生了那些印象.为什么古代中国没有演绎推理呢?这大概是与古代中国的人们特别是那些"士"们思考的对象有关,因为思考的方式是与思考什么东西有关的,一个长时间思考数学问题的人的思维方式与一个长时间思考社会问题的人的思维方式必然会有所差别.我们尝试地分析这个问题.

思考是建立在"抽象了的东西"的基础上的,也就是说,是建立在概念的基础上的.有些情节可能会在我们的头脑中像演电影那样重现或者构想,但是很难想象,一个人的思考特别是深刻的思考可以完全依赖可视的画面①.正如我们在本书的前两辑反复阐述的那样,抽象是从感性认识中获得事物(事情和实物)的本质特征,从而上升到理性认识,因此事物是我们思考的最为原始的对象.就思维而言,我们并不强调对象本身的存在性,而更多地是关心对象之间的关系.我想,对象之间的关系大概可以包括三个方面,即人与人之间的、人与物之间的以及物与物之间的那些东西.那么,古代的中国思考的主要对象是什么呢?我们从"四书"之一的《大学》入手来进行分析.

《大学》是中国古代典籍名篇②,对中国的思想界、对中国人的思维方法的影响都是非常大的,甚至有些学者认为③,从 11 世纪到辛亥革

---

① 我们不知道动物是如何进行"思考"的,可能会依赖图形或者声音等等,但无论如何许多高等动物已经具备了回忆功能.

② 《大学》原是《礼记》四十多篇中的一篇,约 1750 字,作者不详.后因为唐代韩愈(768~824)等人引用,开始引起人们的关注.到了宋代,理学创始人程颢(1032~1085)、程颐(1033~1108)兄弟非常重视,后来经过理学集大成者朱熹重新编撰,纳入《四书集注》之中,并认为是:古人为学次第者,独赖此篇之存.据朱熹分析,《大学》大体上表述的是曾子(前 505~前 435)的思想,大概是曾子后学所写."四书"与"五经"后来成为科举考试的要目,其影响之深之大是可想而知的.

③ 参见:胡适著.先秦名学史[M].合肥:安徽教育出版社,1999 年(原著出版于 1922 年):9.

命,中国哲学的全部历史都集中在这个作者不详的小书的解释上了.《大学》中下面的一段话在中国几乎是家喻户晓:

物格而后知至,知至而后意诚,意诚而后心正,心正而后修身,修身而后家齐,家齐而后国治,国治而后天下平.

这段话后来被朱熹(1129～1200)简约为"八条目":格物、致知、诚意、正心、修身、齐家、治国、平天下.特别是后四条我们更是耳熟能详.我想,这段话述说了认识的过程和认识的功效,而整个认识过程的基础是"格物",下面我用现代汉语表述朱熹对"物格而后知至"的解释[①]:

人的心灵是具有认知能力的,天下的事物也都是有一定道理的,只是这些道理没有被彻底认识时,人的认知是有限的.于是《大学》一开始就教人接触天下的事物,从已有的知识出发进行深入的、不间断的探究.长期用功之后,如有一天豁然贯通,就可以把事物由表及里、由粗到细认识得清清楚楚,同时自己的心灵也会豁然开朗,再无蔽塞.这就叫格物,这就叫知之至.

这段话把知识的认识过程描述得多么透彻,多么合情合理:世间的事物的存在以及变化是有其道理的,人也是具有认知能力的,因此,只要从实际出发,从已有的知识出发,经过长期的用功,就可能真正地认识事物,到那个时候自己的心灵也会豁然开朗.可以看到,就对认知过程的描述而言,朱熹的这段论述比起三百多年以后的培根(F. Bacon,

---

[①] 原文参见:(宋)朱熹集注.四书集注[M].陈成国标点.长沙:岳麓书社,2004:9.也参见:大学·中庸.王国轩译注.北京:中华书局,2006:17.

1561～1624)、笛卡儿(R. Descartes,1596～1650)、莱布尼茨(G. Leibniz,1646～1716)这些西方划时代的哲学家们的述说毫不逊色.可惜的是,朱熹的论述中所指的"事物"并没有一视同仁地包含我们所说的那三个方面的事物,论述中所说"事物"的所指,大部分是"人与人",少部分是"人与物",很少部分是"物与物".我们从下面两点来论证这个结论.

朱熹在《四书集注》中对"物"的解释为[①]:物相当于事,并解释"格物"为:穷尽事物的道理.因此,朱熹所谈论的道理以及对道理的认识主要是指做人的道理以及对人与人之间事物的认识.明代的王阳明(1472～1529)是不赞成朱熹的,他创立了解释《大学》的新学,这种新学多少有些"禅"的意境.他说:"天下之物本无格者,其格物之功只有身心上做."就认知而言,如果说朱熹强调的是"渐悟",那么王阳明强调的就是"顿悟",王阳明对朱熹提倡的对事物的穷究不以为然,他提倡身心之正,意念之诚.但是,对于"物"的理解却是与朱熹一致的,王阳明在《大学问》中对"物"解释为[②]:物就是事,有了意念就可能会成事,而有意念的事就是物.这样,王阳明解释"物"就是与人的意念有关的事,这显然是关于人的事,是人世间的事.

如果说,光凭他们的解释还不能完全说明问题的话,那么,我们从"认知"的目的来分析"认知"的对象,这显然是一种最直接的分析方法.朱熹简约了那"八条目"之间是有前后关系或者说是有因果关系的,这是由"而后"这个关系术语连接起来的.从"八条目"的前后关系可以知道,"格物、致知"之后所达到的意境是"诚意、正心",达到的效果是"修

[①] 原文为:"物,犹事也.穷至事物之理,欲其极处无不到也."参见:(宋)朱熹集注.四书集注[M].陈成国标点.长沙:岳麓书社,2004:6.

[②] 原文为"物者,事也,凡意之所发必有其事,意所在之事谓之物."参见:(明)王守仁撰.王阳明全集·下[M].吴光等编校.上海:上海古籍出版社,1992:972.

身、齐家",或者进一步是①"治国、平天下".因此,可以归纳"认知"的目的是:个人的修养、家庭(家族)的安康、国家的兴旺、天下的太平.这样,就"事物"而言,这些完全是"人本身"的事物,或者"人与人之间"的事物.总而言之,有一点是很明显的,那就是我们的先哲们不是为了认知而认知的.

如果上面的分析是正确的话,那么就方法论而言,我们的先哲们把自己置于一个非常困难的境地,因为他们关心的事物总是要把思考的人放到思考的事情之中去,这就造成了思考者与思考对象之间没有明显界限的情况,甚至可以说,造成了主观与客观之间没有明显界限的情况②.人们都有这样的经验,在处理一件事情的时候,一旦把自己的利益放进去了,就很难处理了;孩子在计算在场人数时往往会忘记了自己,也是因为这个道理.宋代文学家苏轼(1037～1101)的名句"不识庐山真面目,只缘身在此山中"实际上说出了一个非常深刻的哲学命题.回想德国数学家哥德尔(Godel,1906～1978)在讨论公理体系完备性时所构造的命题③:语句 G 断言 G 在该系统是不可证的,这完全是"把要判断的东西放到判断命题之中",使它无法判断.因此我们可以理解,在古代中国很少有西方普遍认同的那种命题和定义以及基于那种命题和定义的演绎推理形式是自然的.比如,柏拉图关心的是今天画的三角形与昨

---

① "治国"是指"治其国",这不是每个人都能达到的,我想,《大学》大概不单纯为了那些正在"治国"或者准备"治国"的人写的,否则,我们就没有研究的必要了.

② 冯友兰从中国古代"大陆国家"的地理背景和"以农为本"的经济背景出发,分析了与中国古代哲学发展有关的中庸之道、自然崇尚、家族制度、入世出世以及哲学的方法论.关于哲学的方法论,他认为,只有在强调区别主观和客观的时候,也就是强调区别认识者和被认识者的时候,才可能有知识论问题的提出;当认识者与被认识者构成一个整体的时候,是发展不了知识论的,因此在中国古代哲学中少有演绎推理中的概念是可以理解的.参见:冯友兰著.中国哲学简史[M].北京:北京大学出版社,1996(第二版,原著出版于1948年):14～23.

③ 参见:[美]格勃尔(L.Goble)主编.哲学逻辑[M].张清宇、陈慕泽、等译.北京:中国人民大学出版社,2008:88～90.

天画的三角形之间的差异,或者在希腊画的三角形与在埃及画的三角形之间的差异.虽然经验是不可靠的,但是物与物之间的共性是明显的,于是可以给出"三角形"一般的定义.朱熹关心的是今天对《论语》的感悟与昨天《论语》的感悟之间的差异,或者这个人对《论语》的感悟与那个人对《论语》的感悟之间的差异.这完全依赖于个体的经验,很难对"这种感悟"给出西方所普遍认同的那种定义.但是,中国人对感悟本身的理解是深刻的,感悟是思考的结果,而思考依赖的是"抽象了的东西",那么我们就有必要分析,在古代中国对这些"抽象了的东西"是如何表述的.这个分析是非常重要的,因为这个分析将是构建古代中国的思维模式的基础.但是这个分析又是非常困难的,我只能尝试地从"抽象"的角度择其要点进行分析.

§A2 认知的出发点

先讨论中国古代的先哲们是如何思考"人是如何获取知识"或者"人是如何认识问题"这个哲学上最为基本的命题.我们知道,以柏拉图(Plato,前427～前347)和亚里士多德(Aristotle,前384～前322)为代表,古代希腊曾经进行了包括上述问题在内的哲学讨论,确立了思想深刻、影响至今的古希腊哲学.

我们吃惊地看到,比柏拉图和亚里士多德略早一些时间,几乎对同样问题的思考,出现在远隔千山万水的黄河之滨,其代表就是中国古代哲人老子、孔子以及墨子的思想.但是,正如前面说过的那样,我们能够清晰地感觉到先哲们这些思想的存在,可要把这些思想整理清楚却是非常困难的,特别是要把先哲们思考问题的模式整理清楚是更加困难

附录　中国古代的命题、定义和推理

的. 造成这个困难至少有两个原因:

一个原因是先哲们的言论过分简捷①,几乎是只说出了结论而没有阐述产生结论的理由,这不仅使我们很难把握先哲们的思考过程,也使我们很难确切地把握这些结论的内涵;另一个原因是先哲们的文章大多类似随感或者语录,每一个段落写的都非常精彩,可是段落与段落之间的逻辑关系不很明显,甚至根本没有逻辑关系,又使得我们很难从结论的前后逻辑中整理出先哲们思想脉络.

中国人对问题的理解强调悟性,正如我们在前一节谈到的宋明理学之争在很大程度上是针对"格物"的,争论的焦点或许可以简捷地总结为"渐悟"还是"顿悟". 事实上,无论是"渐悟"还是"顿悟",其本质都是"感悟". 可以看到,这种理解问题的方法与先哲们的著作之间是非常和谐的,因为很难把握著作的思维逻辑和命题内涵,那么就只能凭借读者个人的悟性;反之,如果对于问题的理解强调的是悟性,那么就只能把问题阐述得含糊一些,或者说含蓄一些,把问题说透彻了反而没有价值了. 于是,这种阐述问题的方法导致了相应的理解问题的方法,同时,这种理解问题的价值观也褒扬了这种阐述问题的方法. 这个倾向一直影响到当今的中国社会.

这种情况能够延续至今说明这种理解问题的方法还是行之有效的. 但是,我们必须认真地思考这样一个问题:感悟是基于个体经验的,基于个体经验的那些东西为什么能够相对地达成共识呢? 这就需要满足一个最为基本的要求,就是人们认识问题的出发点必须基本是一致的,或者说认识问题的价值观必须基本是一致的. 在这一节,我们分析

---

① 我想,这很可能与当时的书写工具有关系,在中国,最初人们是把字刻在动物的骨头上或者铸在青铜器上,后来是把字写在木板或者竹板上,无论是哪种情况造价都是高昂的,保管也是不易的.

这种理解问题的共同的出发点是否存在,以及基于这种理解问题方法的思维模式.

老子的生平不详,大多数学者认为他是孔子(前551～前479)同时代的人,很可能年长于孔子①.老子的主要思想表述在《老子》②这本书中.这本书开篇就讲③:

> 凡是可以说出的道都不是永恒的道,凡是可以言表的名都不是永恒的名.天地开始于无名的道,有了天地之后就有了名,然后就有了万物.

老子没有解释"永恒的道"或者"无名的道"是什么.事实上,老子认为这个道是不可能解释的,因为永恒的道是不能解释的,也恰恰是因为这个道不能解释才可能是永恒的.我们尝试地分析这个道.

如果从语句的本身分析,这个道是与事物发生的原因有关的,因为这个道是"可以说出的道"的特例,而"可以说出"意味着说出了事物产生的原因,因此,老子想说的这个"永恒的道"很可能是构成原因的原因,是天地中或者说宇宙中最为本原的东西.宇宙本原这个东西实在是太复杂,这个东西是说不清楚的,是不可名的④.我想,即使是在今天,老子的理解也是正确的.宇宙中最为本原的是物质和物质的运动,而这个原本是很难阐述清楚的.什么是物质?是我们看到了的那些东西吗?

---

① 胡适认为,老子大约生于公元前590年,参见:胡适著.先秦名学史[M].合肥:安徽教育出版社,1999:29.
② 因为《老子》这部书主要议论的是道以及基于道的德,因此后来人们也称这部书为"道德经".
③ 原文为:"道可道,非常道.名可名,非常名.无名天地之始,有名万物之母."参见:《老子》第一章.在1976年马王堆汉墓的出土中发现帛书《老子》,其文中的"非常道"和"非常名"分别为"非恒道"和"非恒名",因此许多学者推测,可能原文应为"恒"字,后来为避讳汉文帝刘恒而改为"常"字.
④ 在古汉语中"名"表示主谓结构语句中的谓词,就是哲学上所说的共相,详细的讨论参见下一节.

附 录　中国古代的命题、定义和推理

我们看到了的东西就是全部的物质吗？大多数理论物理学家都认为反物质是存在的,可是至今我们没有发现反物质,甚至还不知道如何才能发现反物质.其次,物质运动最为基本的力是引力,可是引力是如何存在的呢？大家都知道地球围绕着太阳进行椭圆运动,可是太阳是如何"拉"住地球使得地球不沿着切线方向飞出去呢？虽然老子不可能知道这些,但是他凭借对自然的观察知道要理解事物的原本是非常困难的,这就像伟大的牛顿(Newton,1642~1727)不能理解第一次推动那样.

如果从天地的开始分析,似乎这个道还可以解释为宇宙的开始.可以看到,这个解释与上面的解释是不悖的.事实上,老子对天地的开始还有更为明晰的阐述,这个阐述在中国是广为周知的[①]:道生一,一生二,二生三,三生万物.其中的"一"说的是"有",因此"道生一"说的是"从无到有".这个命题似乎是非常荒诞的,因此有许多先哲以及近代的学者认为老子的学说是"玄学",称老子本人是一位"辩者".对于我们身边所发生的事情,"无中生有"确实是不可能的,"无中生有"这个命题确实是荒诞的.可是,老子说的并不是我们身边的事情,老子说的是宇宙的起因.对于我们现在的这个宇宙的起因,学者们普遍认同宇宙爆炸说,到现在为止观察到的所有宇宙现象也都支持着这个学说,如星际间的红移现象[②]、绝对温度3度的普遍存在[③]等等.宇宙爆炸说的要点是:我们现在的宇宙是在大约100~150亿年以前(地球大约形成于50亿

[①] 见《老子》第四十二章.《老子》第二章还特别说到"有无相生".

[②] 每一种物质都有其对应的发射光谱,由于多普勒效应,当物质离我们飞驰而去时,我们探测到的发射光谱就要大于实际的波长光谱(即比实际光谱偏红),人们称这种现象为红移现象.这就像火车鸣笛飞驰而去时笛声要变得更低沉.天文学家们发现所有的星团都有红移现象,这就说明现在的宇宙仍然在膨胀之中,而最初的动力很可能就是因为宇宙最初形成时的大爆炸.

[③] 宇宙中物体的最低可能达到的理论温度是摄氏零下273度,人们称这个温度为绝对零度.1965年美国两位射电天文学家首次观测到在宇宙中普遍存在以绝对温度为零度的3度(被称为3K)的宇宙微波背景,有力地支持了宇宙大爆炸模型,他们因此得到1978年的诺贝尔物理奖.进一步,与此相关,另外美国两位科学家因为在COBE微波背景辐射黑体形式等方面的贡献,得到2006年诺贝尔物理奖.

年以前)由一个点突然爆炸形成的,在这个爆炸以前的事情我们是不可认知的,因此那个点的大小我们也是不可认知的,这不就是"无"吗？当然,老子是不可能知道这些的,但我们也不知道老子当时是如何思考的,无论如何,老子的结论是伟大的.接下来,《老子》又在几处解释了"永恒的道"①,我用现代语言表述如下：

虽然道是观察不到的,但取之不尽,用之不竭;道深不可测,就像是万物的灵魂.……我不知道它是从哪里产生的,我却知道它的产生比神灵还早.

道(谷神)是永存的,称其为原本(玄牝),而原本之门,便是天地的根.

看不清形体的象,我们称其为恍惚,迎面来不见其首,追随去不见其背.就是这样的道支配着每一个具体的存在,它能够表述这些具体存在的原因,便是道的规律.

如果要把道比做实体,那么就是恍惚.在恍惚中可以观察到形象,在恍惚中可以感悟到实体,在那深远与暧昧之中散发着灵气,这灵气虽然精细却是真实.

一个混沌先于天地而存在,无声无形,不凭借外力,周而复始地运

---

① 分别见《老子》第四章、第六章、第十四章、第二十一章、第二十五章、第三十二章、第三十四章、第三十七章、第五十二章.

附录　中国古代的命题、定义和推理

动,这便是宇宙的本原. 我不知道它的名字,姑且称其为道,或勉强称其为大.

道是没有名字的. 虽然小,却是不可支配的. ……道又像泛滥的河水无处不在,万物依存于它,它却不对万物提出任何要求. ……道看起来是无为的,事实上却是无不为的. ……知道了道就知道了天下的本原,知道了本原就知道了万物,知道了万物反过来就能更深刻地把握本原.

通过这些阐述,老子为我们构建了一个道,这个道是万物的本原,这个道是无所不在的,是无所不能的. 事实上,老子为我们构建的道是一个认识问题的出发点,这个出发点既是判断是非的标准,也是人们应当遵守的各种行为的准则. 他在第六十八章明确地谈"道"[①]:

所以,符合天道是古来就有的准则.

这样老子就借助"道"这个出发点,阐述了做人的道理和管理国家的道理,无论是个人修养,与人交往,如何对待品行,如何对待财物,还是战略战术,国家兴亡,如何对待百姓,如何对待君王,几乎无所不包. 由此可以看到,老子的思想脉络是非常清晰的,我们把老子的思路描述如下:

从万物的本原"道"出发,说明这个"道"是无所不在、无所不能的;

---

① 原文为:"是谓配天,古之极."其中"极"可以解释为"准则". 参见:任继愈著. 老子新译[M]. 上海:上海古籍出版社,1978:117.

然后针对每一类具体事物叙述"道"是如何的,因此我们应当如何去做.

我们把这种认识问题的方式与西方的方式进行简单的比较.我们可以看到,柏拉图、亚里士多德和老子在一个关键问题上的主张是一致的,那就是"出发点"本身的正确与否是不需要讨论的.柏拉图在《理想国》①中借用苏格拉底(Socrates,前469~前399)之口说:"他们把这些东西看成绝对假设,关于这些东西是不需要对他们自己或别人作任何说明的."亚里士多德在《工具论·后分析篇》②中说:"我们不仅主张知识是可能的,而且认为存在着一种知识的本原,我们借助它去认识终极真理."而老子则在《老子》中说:"永恒的道是不可名的."

但是我们也应当看到,关于出发点要达到的功能,西方与中国是有差异的.柏拉图和亚里士多德强调的是论证问题的出发点,因此他们所说的"出发点"是具体的、明确的,比如,等量加等量还是等量,人人生而平等.老子强调的是认识问题的出发点,因此他所说的"出发点"是只能意会、不能言传的,比如,永恒的道.正是因为这个基本功能的不同,导致中西方认识问题的方法上有很大的差异.西方认识问题强调论证,追究合理性,即使在黑暗的中世纪,也要认真地论证上帝的存在;而中国认识问题强调悟性,即使是一个说不清的理念,可以凭借个人的悟性,使其发挥最广泛的效能,比如阴阳之说.这样,对认识问题的价值判断也就不同了,西方更重视合理和深刻,中国更重视合情和意境,因此就方法论而言,西方更侧重于科学,中国更侧重于艺术.在下面的几节,我们将从思维方法的角度进一步讨论这个问题.

---

① [古希腊]柏拉图著.理想国[M].郭斌和,张竹明译.北京:商务印书馆,2002:269.
② [古希腊]亚里士多德著.工具论·后分析篇[M].余纪元,等译.北京:中国人民大学出版社,2003:249.

附　录　中国古代的命题、定义和推理

老子以及他同时代先哲们的这种认识问题的方法,对于中国的影响是巨大的,一直影响到现今①. 孔子是老子同时代的人,他的《论语》是儒家思想的代表,也是儒家思想的基础. 孔子立论的出发点是"仁"②. 虽然"仁"比"道"要更加现实,更加具体③,但是《论语》中有六十六处提到了仁,却没有两处意思是相同的. 从上面对于出发点的分析我们知道,《论语》中这种阐述问题的方法是自然的,也是合理的,虽然《论语》没像《老子》那样开篇就说"仁"是不可名的,但是在《论语》中我们可以深深地感悟到孔子所说的"仁"是一个出发点,是评价做人好坏、做事对错的标准. 像我们分析的老子的思维模式一样,《论语》告诉我们的是:对每一类具体事物,如何去做就是"仁",或者,如何去做就是不"仁". 可以大概地统计一下,《论语》中六十六处的"仁"大约是针对四十多类具体事物的述说. 许多学者希望探究"道"和"仁"的确切含义,事实上,这是没有意义的,也是不可能的,因为先哲已经告诉我们,这是不可"道"的,也是不可"名"的.

后来,孟子(大约前371～前289)也提出了一个出发点,那便是"人性善",而荀子(大约前305～前235)提出的出发点是"人性恶". 我们知道,关于人的本性之争是中国哲学中争论的最激烈的问题之一④,但就出发点而论,以"人性"为出发点比老子的"道"和孔子的"仁"要具体得多,也正是因为具体,才是可争论的.

我还想特别强调,我们的先哲们关注的问题绝大多数都是:人间的

---

① 比如,现在中国教育理论的出发点"素质教育"就是一个含义不确切的概念.
② 参见:[美]黄仁宇著. 万历十五年[M]. 中华书局,2007:200. 也参见:冯友兰著. 中国哲学简史[M]. 北京:新世界出版社,2004:37～38.
③ 参见:《老子》第三十八四章所说:"失道而后德,失德而后仁,失仁而后义,失义而后礼."因此,可以认为仁比德更具体,德比道更具体. 如此类推,如果礼都没有了,那么这个天下就崩溃了,很可能正因为如此,孔子才大力提倡"复礼".
④ 参见:冯友兰著. 中国哲学简史[M]. 赵复三译. 天津:天津社科院出版社,2007:61.

疾苦、道德的规范、君王的作为、社会的安康,这是与他们所处的时代有关的. 中国的周朝(西周历时前1122～前771,东周历时前770～前256)实行的是分封制,在全国分封了几百个诸侯国或者封邑. 王以"天"的名义进行统治,这样"天子"就可以奉天承运. 天子不仅是世俗的首领,也是王朝精神的首领[1]. 在周朝的前几百年国家还是太平的,但是到了后期,特别是到了先哲们所处的时代,诸侯混战,民不聊生. 因为他们都是有良知的先哲,他们企盼和平与富足,因此他们反复向人们述说的是:做人的道理、做事的道理和管理国家的道理. 因为这些内容涉及的都是是非判断的事情,就必须树立起判断是非的标准,而人世间的事情又太复杂,变化太多,于是这个标准本身只能是可感悟而不可言传,只能是无所不在、无所不能,只能是针对具体问题分类述说.

虽然古代先哲们思考问题的出发点是不可名的,但是,涉及每一个具体的事物,他们述说的命题和定义是确切的.

§A3 命题与定义

在现代汉语中,无论是对于命题还是对于定义,系词"是"都是非常重要的. 这个系词的主要功能是连接主词和谓词[2],在这个意义上,现代汉语中"是"的反义词是"不是",因此,"是"与"不是"就构成了现代汉语

---

[1] 参见:胡适著. 先秦名学史[M]. 合肥:安徽教育出版社,2006:18.
[2] 参见:布丁(Nicholas Bunnin),余纪元编著. 西方哲学英汉对照辞典[M]. 北京:人民出版社,2001:第524页中的条目"is". 但王力认为,只有谓词是名词时"是"才是系词,参见:王力著. 汉语史稿[M]. 北京:中华书局,2004:402. 按照王力的说法,语句"这匹马是壮的"中的"是"就不是系词,这样就大大降低了系词"是"的命题功能,因此王力的说法是不合适的. 比如,在上述辞典中对于作为系词的"is"的举例就是"This house is white",即"这个房子是白的",王力的说法与此是相悖的.

中命题和定义的语言基础. 我想,在现代汉语中"是"至少还有两种用法,这两种用法与系词"是"的功能是不同的:一种用法是"是否"中的"是",这是对命题真假判断的术语,这时的"是"述说了"是真"的意思①;另一种用法是"是非"中的"是",正如我们在上一节反复谈到的,这是对行为对错判断的术语,这时的"是"述说了"是对"的意思②. 在这一节,我们只考虑作为系词的"是".

在古汉语中,构建命题并不使用系词"是",大部分是用"……者……也"的句型,或者只用"者"、"也",甚至什么也不用. 我们举例说明这几种情况:

夫天者,人之始也;父母者,人之本也.(《史记·屈原贾生列传》)
天下者,高祖天下.(《史记·魏其武安侯列传》)
乡原,德之贼也.(《论语·阳货》)
荀卿,赵人.(《史记·孟子荀卿列传》)   (1)

可以看到,这样述说的命题也是很清晰的,是不可能引起歧义的. 事实上,不仅仅是在古代的中国,现今世界中依然有许多民族的语言中保留这样的述说习惯③. 这一点正如英国政治哲学家霍布斯(Thomas Hobbes,1588~1679)在《哲学原理》中所说④:

---

① 对应于英文中的"Being true". 参见:《西方哲学英汉对照辞典》第 1023 页中的条目"truth".
② 在这方面,西方哲学用语似乎没有汉语用语分的精细,事实上,对于一个命题的真假判断与对一个行为的对错判断是有本质差异的. 在英文中,对于后者将用"good"、"bad"之类的形容词,这样的词只能用于评价而不能用于判断,这样的词相当于汉语中的"好""坏",这样的词已经赋予了感情色彩而不属于认识论的范畴了.
③ 参见:王力著. 汉语史稿[M]. 北京:中华书局出版,1980:409.
④ 这段翻译参见:胡适著. 先秦名学史[M]. 合肥:安徽教育出版社,2006:62.

但是有些民族,或者说肯定有些民族没有和我们的动词"is"相当的词.但他们只用一个名字放在另一个名字后面来构成命题,比如不是说"人是一种有生命的动物",而说"人,一种有生命的动物".因为这些名字的这种次序可以充分显示它们的关系.它们在哲学中这样恰当、有用,就好像它们是用动词"is"联结了一样.

王力认为,在汉语中系词"是"是由指示代词发展而来的.他用《孟子·梁惠王下》中语句"滕小国也"为例,由指示代词结构的"滕,是小国也"过渡到系词结构的"滕是小国".在古汉语中,至少在公元1世纪左右已经产生了真正意义上的系词"是",因为东汉王充(27～107)的《论衡》中已经大量使用了[①].在上面的讨论中我们也可以看到,系词"是"对于命题和定义的构成是重要的,但不是本质的.

但是,在研究作为命题和定义中的系词"是"时,必须同时研究它的反义词,因为只有正反两个词同时存在才能成为建立命题和定义的语言基础.我想,这个反义词在古汉语中一定很早就有了."白马非马"的诡辩是闻名遐迩的,那是公孙龙(约320～前250)最著名的反论.这里的"非"显然代表了"是"的反义词,也就是代表了"不是"的意思.后来,《墨子·小取》反驳说"白马,马也"也正说明了这一点[②].在《庄子·齐物论》中更明确有"是不是,然不然"的语句.因此,我们可以断言,古代汉语在很早就具备了形成命题和定义的语言基础.

下面我们讨论命题.胡适认为古汉语中"辞"这个字相当于命题,因为这个字的古体字是由左右两部分合成的,其中左半部有"整理"之意,

---

[①] 参见:王力著.汉语史稿[M].北京:中华书局出版,1980:409～410.
[②] 王力认为,"非"字之为系词比"是"字至少早了一千年,参见:王力.中国文法中的系词.清华学报,1937(12卷)第1期:48.

附　录　中国古代的命题、定义和推理

右半部分的"辛"有"罪行"的意思. 这个字本来意指法官宣判的"判词", 所以在字义上,辞是对某事物的判断和断定. 胡适用《易经》举例,因为其中的卦也被称为"卦辞"或者"爻辞". 于是他解释说:卦是代替那把自己"显示"给适当的观察者的意象的一种符号,但要对它有所"告诉",有所说明,因此辞是必不可少的①. 我想,胡适的解释是对的,但是他的举例是不对的. 命题是一种可以被肯定或者否定的语句②,正因为如此,命题才可能作为判断的基础,进而可以作为逻辑推理的基础.《易经》中的那些卦辞虽然是陈述句,但仅仅是告示人们这个"符号"代表的是"什么"意思的语句. 回想 20 世纪伟大的德国数学家希尔伯特(Hilbert, 1862~1943)在他的名著《几何基础》中的关于点与线的论述:用大写字母 A 表示点,用小写字母 a 表示直线,称点为直线上的元素,直线为平面上的元素. 很显然,这样的话语是不能也不用进行判断的. 因此在胡适关于"辞"的字义解释中"判断"的功能可以作为命题,而"断定"的功能不能作为命题. 事实上,在前文的(1)中给出的语句都是命题,如果要追寻更早的命题,那么《诗经》开篇中的语句"窈窕淑女,君子好逑"③就是命题. 因此,古代汉语在很早就有了命题.

一个命题可以判断的前提是这个命题中涉及概念的内涵是清晰的,否则不可能给出准确的判断,进而不可能进入到逻辑推理的程序. 比如,在(1)中的语句:天下者,高祖天下. 如果"天下"指的是一件衣服,我们可以验证这件衣服是否是高祖的,然后给出一个肯定或者否定的判断;如果"天下"的内涵还涉及他人的利益,那么就必须进一步清楚

---

① 参见:胡适著. 先秦名学史[M]. 合肥:安徽教育出版社,2006:62~65.
② 参见:[美]柯匹(I. Copi,1917~2002),[美]科恩(C. Cohen,1931~　)著. 逻辑学导论(第 11 版)[M]. 张建军,等译,北京:中国人民大学出版社,2007:6~8.
③ 参见《诗经·周南·关雎》.《诗经》是我国第一部诗集,收集了周初至春秋中叶五百多年间的作品,参见:袁行霈主编. 中国文学史:第一卷[M]. 北京:高等教育出版社,2003:64.

"高祖天下"的具体含义是什么,否则是无法进行判断的.为了讨论问题的方便,我们称揭示概念内涵的逻辑方法为定义[①].一般来说,描述定义的语句与描述命题的语句在结构上是一样的,都用系词"是"来连接主词和谓词,因此很多人认为要区别命题和定义是很困难的.可是,不能不令我们吃惊的是,至少在公元前 300 年以前[②],中国古代的先哲们就对命题和定义甚至推理有了清晰的认识.下面这段话是记载在《墨经·小取》中的:

夫辩者,将以明是非之分,审治乱之纪,明同异之处,察名实之理,处利害,决嫌疑.焉摹略万物之然,论求群言之比;以名举实,以辞抒意,以说出故;以类取,以类予. (2)

我想,这段论述说出了中国古代的先哲们推理的精髓,是应当认真分析的.论述的前半段说的是推理所要达到的目的,或者说推理的功能,后半段说的是推理的方法.我们先讨论其中的"以名举实,以辞抒意,以说出故"这段话,这段话概述了推理的过程.先哲们的论述过分言简意赅,我尝试地用现代语言把文中的意思表述如下[③]:

通过定义(名)明确所讨论问题的对象(实),通过命题(辞)表述所

[①] 参见:金岳霖主编.形式逻辑[M].北京:人民出版社,2005(1979 年版):41.

[②] 这里主要是针对墨子以及他的墨学而言.孙诒让考证,认为墨子大约生于定王元年,死于安王 26 年,寿 93 岁.据此推算,墨子大约生于前 468~前 441 之间,死于前 401~376 之间,参见:孙诒让著.《诸子集成》中的《墨子闲诂·墨子后语上》第 13 页,上海:上海书店,1935 年.胡适在《先秦名学史》第 79 页推断,墨子大约生活在前 500~前 420 这段时间.学者们普遍认为《墨经》为墨学后人所作,但是基本思想应当在墨子时代就基本形成了.上面所说时代相当于古希腊柏拉图和亚里士多德时代.

[③] 参见:胡适《先秦名学史》第 118~120 页,冯友兰《中国哲学简史》第 105~107 页,金岳霖《形式逻辑》第 347~350 页.也参见:李渔叔著.墨子选注[M].台北:正中书局,1977:230~231.

附 录 中国古代的命题、定义和推理

讨论问题的实质(意),通过论证(说)得到讨论问题的原因(故).

我们的先哲们能够如此清晰地指出定义与命题的不同是有其必然性的.回忆我们对西方哲学界的"名实"之争的讨论[①],他们争论的核心是"那些抽象了的东西"是如何存在的,如果认为是真正的存在,那么就是"实";如果认为不是真正的存在,那么就是"名".事实上,就在西方开始"名实"之争的那个时期,在古代中国也有一场"名实"之争,只是争论的内容有所不同.古代中国的争论也是从如何认识定义开始的,我们分析下面的语句:

孔子者人也.

先哲们称其中的"孔子"为"实"、"人"为"名",正如《墨经》经上 81 中所说:"所以谓,名也;所谓,实也."这类似于现代语法中的"主词"和"谓词",在哲学中分别称为"殊相"和"共相".可以看到,西方的名实之争的核心是共相的存在性,因此是关于共相本身的问题;与此不同的是,中国古代的名实之争的核心是"名"和"实"哪个更重要,因此是殊相和共相之间的问题.从此也可以看到,西方哲学强调的是"一般性",而中国古代强调的是"特殊性"与"一般性"之间的区别."一般性"的讨论当然是非常重要的,但是过分强调就必然导致话题越来越枯涩,与现实生活越来越远,只是到近现代,西方的学者才逐渐认识到殊相的重要性[②].

强调"实"的代表人物是惠施(约前 370~前 310[③]).据说他与庄子

[①] 参见:史宁中."数学的抽象".东北师大学报(哲学社会科学版),2008(5):169~181.
[②] 参见:[英]斯特劳森著.个体·论描述的形而上学[M].江怡译.北京:中国人民大学出版社,2004.
[③] 胡适在《先秦名学史》第 133 页中推算为前 380~前 300,但推算幅度太大.

217

(约前369～前286)是好朋友,以学问大而闻名.《庄子·天下》说"惠施多方,其书五车",可惜他的著作全部失传.《庄子·天下》中记载了惠施曾经说过的"十事".许多学者根据这"十事"认为惠施说的是辩术、是悖论,但我同意冯友兰的观点:这些不是悖论,惠施强调的是"实"的相对性[1].我们来分析前三个"事"[2]:

如果大到没有外边了,那么这个大就是至大;如果小到没有内部了,那么这个小就是至小.

没有厚度的东西也可能有千里之大.

与天地之间的差异相比,高山与湖泊就是平的了.

前两个"事"让我们想起欧几里得(Enclid,约前325～前265)在《几何原本》[3]中对点和面的定义:点是没有部分的那种东西;面是只有长度和宽度的那种东西."没有部分"不就是"没有内部"吗?"只有长度和宽度"不就是"没有厚度而广阔无垠"吗?这是一种把握了物理属性的定义.定义是一种抽象,虽然这种抽象了的东西即共相是不存在的,但是,如果这种抽象是基于物理属性的,就像上面所叙述的那样,那么这种抽象又是直观的,我们可以认为是一种"实"的抽象.

此外,第一个"事"中的"至大"可以使我们再次联想到现在盛行的宇宙爆炸说.如我们在前一节所说的那样,这个学说认为现在的宇宙是100～150亿年前的一次大爆炸形成的,爆炸的动力促使宇宙不断地向

---

[1] 参见:冯友兰著.中国哲学简史[M].赵复三译.天津:天津社科院出版社,2007:73～76.

[2] 原文为:"至大无外,谓之大一;至小无内,谓之小一.无厚不可积也,其大千里.天与地比,山与泽平."

[3] 参见:[古希腊]欧几里得.几何原本[M].兰纪正,朱恩宽译.西安:陕西科学技术出版社,1990.

外扩张.根据爱因斯坦的学说,光速是绝对速度,也就是说光速是不可逾越的,因此宇宙爆炸说认定现在的宇宙的大小是 100～150 亿光年[①].这个范围以外是不可认知的,也就是说这个宇宙是没有外边的,这不正是第一个"事"中所说的"至大"吗?当然,惠施不可能知道这些,但是他的这种基于"实"的抽象能力不能不令人敬佩.可惜的是,惠施的那么多的著作全部都失传了,使我们无法进一步了解当时的人们是如何解释这些定义的以及建立在定义之上的命题和推理.上面所说的第三件"事"显然是表述了高低的相对性,这是在告诉我们,在建立命题的时候一定要注意所指对象的相对性.由此可以看到,我们的先哲们对命题和定义的理解是深刻的.

在这里,我们的先哲们还思考了"实"的存在性,这个存在的基础就是时间和空间.我们知道,德国哲学家康德(Kant,1724～1804)在他的巨著《纯粹理性批判》中谈到,时间和空间并不是人们感觉到的东西,而是人们用来整理感觉的工具,是一种纯粹直观.在中国,一个非常类似的说法早在春秋战国时代就有了.墨学用"久"表示时间,用"宇"表示空间,在《墨经》经上 41 和 40 中对"久"和"宇"解释如下[②]:

久指的是古今早晚,表现了时间的差异;宇指的是东西南北,表现了空间的差异.

有了时间和空间的概念,就可以更好地确认"实"的存在性和相对

[①] 光年是距离的度量,指以光的速度一年时间所走过的路程,光速为每秒 30 万公里.
[②] 原文为:[经]久,弥异时也.[说]久,古今旦暮.[经]宇,弥异所也.[说]宇,东西家南北.参见:雷一东著.墨经校解[M].济南:齐鲁书社,2006:77～78.但在许多书中"东西家南北"为"蒙东西南北".

性了,比如,我们分析惠施"十事"中的第 7 事和第 9 事[①]:

昨天、今天和明天都是相对的,命题"今天来到越国",在明天就可以说"昨天来到越国".

虽然我们说燕国在最北,越国在最南,但天下之中央可能在燕国之北,也可能在越国之南.

这是多么叛逆性的说法,这种说法把定义的相对性阐述得非常清晰,但是,这种说法也把定义的相对性推到了极致,使得人们束手无策.我们知道,定义的目的就是要寻求一般性,就是要摆脱概念对于经验的依赖,而过分强调定义的相对性就必然要忽视定义的一般性.演绎推理是建立在一般概念的基础上的,因此,这种过分强调相对性的思想方法所导致的思维模式必然不是演绎推理.在下一节我们将进一步讨论这个问题.

强调"名"的代表人物是公孙龙(约前 320～前 257).公孙龙的著作流传下来的也不多,其中有后人整理成书的《公孙龙子》和《庄子·天下》中记载的"二十一事"[②].在"二十一事"中有许多"事"是广为周知的,比如第 16 事:镞矢之疾,而有不行不止之时;再比如第 21 事:一尺之棰,日取其半,万世不竭.因为这些命题是人们日常生活中的反论,因此《庄子·天下》称公孙龙为辩者,并且说:辩者以此(指 21 事)与惠施相应,终身无穷.

---

① 原文分别为"今日适越而昔来"和"我知天下之中央,燕之北,越之南".参见:《庄子·天下》.
② 在《庄子·天下》中并没有明确说这"二十一事"是公孙龙所说,但胡适认为是,参见:胡适.先秦名学史[M].合肥:安徽教育出版社,2006:142～143.

附　录　中国古代的命题、定义和推理

我想,《公孙龙子》中的《指物论》完全是一篇讨论定义的文章.这篇文章应当是中国古代讨论形而上学的最重要的文献之一.这也是一篇非常难理解的文章,以致于引发几位现代著名的学者之间的意见不同[①].在这里,我参考几位先辈的论述,尝试地阐述.文中的"物"指的是被定义的具体,相关的同义词有实、主词、殊相、个体;"指"指的是定义了的抽象,相关的同义词有名、谓词、共相、一般.我之所以用这么多同义词,这是因为在那个时代,是不可能把表示概念的用语分割得很仔细的,但不分割得很仔细是无法清晰地表达复杂概念的.这样,公孙龙这篇文章的题目"指物论"可以是《论定义中的殊相与共相》.我们说过,这个题目对于现代哲学都是相当难以讨论的[②].为了与上面的讨论更加和谐,我用"名"来代替文中的"指".这样,文章开篇为[③]:

物都可以有名,而名则不能再命名.如果没有名,天下物就没有称谓了.但是,如果天下没有物,又怎么会有名呢?事实上,抽象的名是不存在的,存在的是具体的物.但是,具体的物不能代替抽象的名.即便是天下没有名,具体的物也不是名;之所以不是名,因为个体不能代替一般;但就个体而言,每一个个体都蕴含着一般.既然物不能代替名,而物又都必须有所称谓,就不能没有抽象的名.这就是我说的"物都可以有名,而名则不能再命名"的道理.

---

① 参见:公孙龙子译注.谭业谦撰.北京:中华书局,1997:11~17.
② 参见:[英]斯特劳森.个体·论描述的形而上学[M].江怡译.北京:中国人民大学出版社,2004.
③ 原文为:物莫非指而指非指.天下无指,物无可以谓物.非指者,天下无物,可谓指乎?指也者,天下之所无也;物也者,天下之所有也.以天下之所有为天下之所无,未可.天下无指,而物不可谓指也;不可谓指者,非指也;非指者,物莫非指也.天下无指而物不可谓指者,非有非指也;非有非指者,物莫非指也.物莫非指而指非指也.

其中,"名不能再命名"大概是说:名是抽象了的东西,因此不可能再次抽象.这样,公孙龙就强调了"名"的一般性,在此基础上,他又进一步提出了"白马论"和"白坚论",因为篇幅的关系,我们就不详细讨论这些问题了.可以看到,上面这段话把具体与抽象、个体与一般、殊相与共相之间的关系论述得非常清楚,特别是"抽象的名是不存在的,存在的是具体的物"这个说法,几乎与亚里士多德的论述是完全一致的.亚里士多德在《工具论》中提出了共相论[1]:

我的意思是说,共相一词是指可以用于述说许多个主体的这样一种性质的东西,个体一词是指不能这样述说的东西.……

任何一个共相的名词要成为一个实体的名词,似乎都是一件不可能的事.因为……每个事物的实体都是它所特有的东西,并不属于任何别的事物;但是共相则是共同的,因为正是那种能属于一个以上事物的东西才被称做共相.

这样,与西方认识论的发端一样,中国古代已经对"殊相与共相"建立起了明确的概念,因此已经从哲理上完全把握了定义的要旨.事实上,《墨经》中的178个条目几乎都是定义,所含内容非常丰富,既有自然科学的条目也有人文科学的条目.我们讨论三个与数学有关的条目[2]:

---

[1] 参见:[古希腊]亚里士多德著.工具论·解释篇[M].余纪元,等译.北京:中国人民大学出版社,2003:17.这个段落主要是参照:何兆武,李约瑟著《西方哲学史》第213页中的翻译.
[2] 原文为:体,分于兼也(经上 2);平,同高也(经上 53);圜,一中同长也(经上 59).

部分分自于整体;平行线是高度相等的线;圆是到中心点相等的曲线.

真正意义上的几何学创立于古希腊,我们把这三个定义与古希腊学者所给出的定义进行比较:

关于第一个定义,欧几里得的《几何原本》中有五个公理,其中最后一个公理是这样述说的:整体大于部分.关于第二个定义,雅典柏拉图学院的后期导师普罗克洛斯(Proclus,410~485)给出的平行线的定义是:对于给定直线,称到这条直线距离保持一定的点的轨迹为这条直线的平行线.关于第三个定义,欧几里得的《几何原本》是这样述说的:圆是由一条线包围着的平面图形,其内有一点与这条线上的点连接成的所有线段都相等.

可以看到,虽然先哲们对于自然科学的叙述仍然是简捷的,但也说出了内容的核心,并且在本质上与几何学的定义是一致的.由此可以看到,中国古代的先哲们已经能够给出确切的定义.并且,他们清晰地知道,建立定义必须要"合",即名实相符,《墨经》经上 81 说[①]:名实相符就是合.

作为这一节的结尾,我想强调一个先哲们早在两千多年前就给出的、与定义和命题有关的重要论述,这就是关于"必要条件"和"充分条件"的论述.我们知道,这两个概念在现代科学的论述中是必不可少的.这两个概念仍然是记载在《墨经》之中,其中"小故"等价于必要条件,

---

① 原文为:名实耦,合也.

"大故"等价于充分条件,我尝试表述如下①:

故是指得到结果的条件.
小故是指有不一定得到结果、没有则必然得不到结果的那种条件.
大故是指有不是必须的、但有则一定得到结果的那种条件.

非常可惜的是,中国古代的学者们更多地关心"人与人"之间的或者"人与物"之间的事物,不重视对于"物与物"之间关系的研究.正如我们在第一节讨论的那样,不重视对知识本身的探求,就很难建立起来一个严密的逻辑推理体系.但是,中国古代既然有了明确的命题和定义,那么是如何借助这些命题进行逻辑推理的呢?我们将在下一节讨论这个问题.

§A4 中国古代推理的基础:分类

推理是指由一个命题或者几个命题出发,得到另一个命题的思维

---

① 原文为:故,所得而后成也;小故,有之不必然,无之必不然;大故,有之必无然,若见之成见也(经上1).关于其中的"大故",有三种解释方法.第一种如孙诒让在《墨子闲诂》第202页中所说,此疑当作"大故,有之必然,无之必不然".这样,大故就是充分必要条件了,冯友兰在《中国哲学简史》第106页、胡适在《先秦名学史》第119页支持这种说法.第二种如杜国庠校为"大故,有之无不然,若见之成见也".参见雷一东《墨经校解》第41页,这样大故就是充分条件.第三种如《墨辩发微》第50页(谭戒甫撰,科学出版社,1958年)所说"大故,有之必然.若见之成见也"也是充分条件.我想,这三种意见可能都不确切,第一种意见与原文变化太大,是不合适的;第二种意见修改后,使得"有之无不然"和"若见之成见也"是同义反复;第三种意见是第一种意见和第二种意见的合成.虽然后两种意见说的都是充分条件,但不是完整的定义,也是不合适的.我想,原文大概是正确的,关键是"有之必无然"不好解释.我推测,这很可能是与小故的"有之不必然"相对应,是"有之不必须"的意思,这样,就与充分条件完全对应了.因为充分条件所包含的内容要多于必要条件所包含的内容,因此可以分别称为"大故"和"小故".

附 录　中国古代的命题、定义和推理

路径,其中的命题是指一种可以肯定或者否定的语句.从上一节的讨论中我们已经看到,中国古代的先哲们能够确切地理解命题,并且能够很清晰地给出命题,但他们是如何对命题进行判断的呢？进一步,他们是如何从一个命题合理地到达另一个命题的呢？很显然,对于命题判断的合理性以及由一个命题到达另一个命题的思维路径的合理性是可以辩论的,但中国古代有些先哲,比如庄子认为这样的辩论是没有意义的,他在《庄子·齐物论》中说:

即使我与若辩矣,……吾谁使正之？使同乎若者正之,既与若同矣,恶能正之？使同乎我者正之,既同乎我,恶能正之？使异乎我与若者正之,既异乎我与若矣,恶能正之？使同乎我与若者正之,既同乎我与若矣,恶能正之？然则我与若与人俱不能相知也,而待彼也邪？

庄子的这段论述与他的"齐物"的思想是一致的,或者说与他"出世"的思想是一致的.庄子没有顾及老子的"不可名"只是认识问题的出发点这个基本理念,而把老子的"不可名"这个说法推到了极致,于是,庄子就否定了人世间一切事物的是非判断.中国人是崇古的,在春秋战国时代人们普遍认为尧是善的代表而桀是恶的代表,可是《庄子·大宗师》中却说①:"与其赞誉尧而非难桀,还不如把这两个人的善恶忘却,从而归化于道."庄子的想象力是丰富的,文采也是一流的,他的思想对后世的影响是很大的.

但是,庄子的这段论述也对推理或者说辩论提出了一个不可回避的问题:推理的原则是什么？我们知道在古希腊时代,亚里士多德回答

---

① 原文为:与其誉尧而非桀也,不如两忘而化其道.

了这个问题,他强调了两条:一条是不证自明的出发点,另一条是推理过程的三段论,后来,三段论就构成了演绎推理的核心.所谓的三段论是一种推理的模式,包括大前提、小前提和结论.其著名形式是:凡人都有死,苏格拉底是人,所以苏格拉底有死.其中,"凡人都有死"是一个清晰的出发点,"苏格拉底是人"是一个明确的命题,于是结论的成立是显然的.我们在第二节讨论过,古代中国建立了认识问题的出发点,但这些出发点并不清晰.我们在第三节讨论过,古代中国建立了明确的定义和命题,但强调的是定义和命题的相对性.那么,在这种情况下的推理模式是什么呢?

我想,我们的先哲们为推理做了一件非常重要的准备工作,那就是对事物进行分类.人世间的事物是错综复杂的,要对这些错综复杂的事物进行判断和推理,一个有效的方法是把这些事物按照某种准则进行分类,如果分类清楚了,那么就可以对于一个类的事物给出判断的准则.我们都有这样的经验,在一个大范围内说不清楚的东西,在一个小的、具有某种共性的范围内就可能说清楚.我想,在(2)中的"明同异之处"和"以类取,以类予"大概说的就是这个意思[①].

虽然可以用各种方法对事物进行分类,但无论如何有一点是共同的,那就是必须给出类的特性.这种特性不仅要有亚里士多德所说的"共相"的功能,这种特性还要尽量满足:对于一个具体给定的事物,能够通过特性清晰地判定这个事物是否属于这个类.我们的先哲们很早就明白了这个道理,《墨经》经下 68 说[②]:

[①] 冯友兰在《中国哲学简史》第 106 页中说,"以类取,以类予"是两个重要的方法,相当于西方逻辑学中的演绎法和归纳法,这个说法有些牵强,大概是不确切的.

[②] 原文为:牛与马惟异,以牛有齿马有尾,说牛之非马也,不可.是俱有,不偏有偏无有.曰牛之与马不类,用牛有角马无角,是类不同也.

附 录　中国古代的命题、定义和推理

牛和马是有差异的,但以牛有齿、马有尾来述说这个差异是不行的,因为齿和尾是双方俱有的,而不是一个有另一个没有的.要说明牛和马属于不同的类,应当说牛有角而马没有,因此不是同类.

很显然,有角的动物未必就是牛,因此不能用有角的动物来定义牛,但用是否有角来区别牛和马却是恰到好处,这便是把握住了分类的特性.在这个例子中我们也能看到名实之争的影子,先哲们在进行名实之争、在强调"共相"或者"殊相"的时候,更底层思维的基础可能就是分类.因此,在中国古代之所以引发名实之争,很可能与分类有关,正如《墨经》经上 79 说[①]:

名分达名、类名、私名三个层次.在讨论普遍存在的事物时,用达名;如果讨论的是马,这是一类事物,则要用类名;如果讨论某一个具体的人,只能用私名.

这样,先哲们在"命名"的时候就顾及到了"类".这与西方认识论是有所区别的,因为西方哲学强调的是具体与一般的关系,比如从马出发讨论动物,那么马就是具体,动物就是一般,由马以及其他各种具体的特性来分析动物的共性.中国哲学则更强调类与类之间的关系,从马出发讨论动物,那么马是一类动物,牛也是一类动物,可以不顾及所有动物的共性而分析马的特性与牛的特性之间的不同.在这个意义上似乎可以说,西方哲学重视的是共性,中国哲学重视的是差异,下面我们通过三

---

① 原文为:名,达、类、私.名物,达也,有实必待之名也;名之马,类也,若实也者必以是名也;命之臧,私也,是名也止于是实也.

个大的事情来进一步阐述这个区别.关于宗教,西方推崇的是一神教,并且希望这个理念能够得到全人类的共识;中国则可以让各类的神相安无事,并且根据特征给他们分派工作,各行其是.关于价值观,西方寻求放之四海而皆准的价值观,并且希望得到全球的认可;中国信奉一方水土养一方人,各有各的活法,不可强求.关于管理,西方关注工商、行政、教育等各个行业内部的共性,即行业内部规律性的东西;中国更关注行业之间的关系,甚至可以给出诸如级别这样的尺度来构建行业之间的桥梁.因此,西方更重视一般和特殊之间的关系,中国更重视类与类之间的关系.

  这种分类的思想是源远流长的,至少可以追寻到商末周初,因为学者们普遍认为《易经》从那个时代已经开始了.就思想方法而言,《易经》的本质是对世间的事物进行分类,共分 64 个类,称其为卦,每一个卦又分 6 种情况,称其为爻.对于不同的类用不同的符号表示,用连线表示阳、用短线表示阴,阴阳 6 次组合正好形成 64 个不同的符号."易"是变的意思,因此《易经》强调的是变化之道.阳也代表男性、积极、强势;阴也代表女性、消极、弱势.阴阳之说认为强势不可能永远强,发展到一定程度要逐渐变弱,同样,弱也可能逐渐由弱变强,太极图就表现了阴阳之间或者说表现了强弱之间的变化,变化的结果就产生了万物.正如《周易·系辞》所说:一阴一阳之谓道,继之者善也,成之者性也.因为 64 卦是由阴阳组合而成,于是用"阴阳变化"的道就解释了《易经》中分类方法的合理性.这样,针对某一个具体事物,根据烧甲骨出现的裂纹或者抽得草茎的奇偶数,把这个事物分派到某一类中去,然后依据《易经》中对这类事物的论述给出这个具体事物的解释或者预测.事实上,《周易·系辞》开宗明义:

附录 中国古代的命题、定义和推理

天尊地卑,乾坤定矣.卑高以陈,贵贱位矣.动静有常,刚柔断矣.方以类聚,物以群分,吉凶生矣.在天成像,在地成形,变化见矣.

说的可能就是这个道理.

中医的治疗理论可以很好地体现中国古代的思想方法.我想,中医治疗理论的核心就是分类.中医治疗有一句行话叫做"辨证论治",就是说,中医不是根据"病"来论治,而是根据"证"来论治.那么,证是什么呢?我认为,证就是由一些病组成的类,我们来分析这个问题.

首先,中医把病的症状分类,称为症候,并且依据五脏来命名,如胃热、肝热等.胃热并不是说"胃"热了,胃热是一类大概与胃有关系的症候的名,症状大体是:口臭口干、口腔糜烂、牙周肿痛;肝热也并不是说"肝"热了,而是指另一类症候,表现为:烦闷口苦、发热便黄、狂躁不安.这样,根据这些分了类的外在表现,然后根据望、闻、问、切这四诊,辨别出证型,这样治疗的方略就基本定型了;最后再参照季节、地域、患者身体状况,决定治疗办法.很显然,其中的关键是确定证型,而"证型"就是从一些具有某种关联的病的共性中抽象出来的类.在这个意义上,在大多数情况下,中医的方法应当比西医的方法更好一些,因为许多疾病往往是由许多原因引起的,而中医"辨证论治"强调的就是综合治疗,这显然要比头痛医头、脚痛医脚要好.当然,这些论述的前提是分类必须准确.容易想象,这种分类的基础是经验,依赖的思想方法是归纳,我们在下一节还要谈到这个问题.

中国古代是如此重视分类,甚至把类还分出了等级.《墨经》经上 87 说[①]:

[①] 原文为:同,重、体、合、类.二名一实,重同也;不外于兼,体同也;俱处于室,合同也;有以同,类同也.其中的"兼"是整体的意思.

同可以分为四等：重同、体同、合同、类同. 两个名一个实体的同为重同；一个整体内部的同为体同；处于一个空间的同为合同；俱有共性的同为类同.

比如，外公和姥爷是同一个人，是重同；家族是有血缘关系的，是体同；同事在一个公司上班，是合同；人是会思维的动物，是类同. 这样，分类的核心就是"同"，或者说是"共相"，也正如《墨经》经下 1 所说①：以类行事，关键在于取同. 可以看到，针对共相本身，中国古代的先哲的分析要比古希腊的学者的分析更加精细. 事实上，这种精细正是为了分类的需要，希望分类更加准确.

我们知道，分类的目的并不仅仅是为了强调"同"，也是为了分辨"异". 为了更好地讨论中国哲学中的分类，我们需要创造一个新的哲学名词"异相"，这是指分辨两个类不同的最明显的特性，比如上面引用《墨经》中所谈到的用"有角"来分辨马和牛，其中"有角"就是异相. 庄子是"求异"或者是求"对立"的大家，在他的文章中几乎处处谈的都是求异. 他在《齐物论》中说道②：

事物无所谓"彼"，也无所谓"此". ……彼出于此，此亦出于彼，彼此是共生的. ……彼有彼的是非，此有此的是非，可是这样就可以分辨彼此了吗？如果超脱了彼和此、是和非的对立，就到达了道的境界.

---

① 原文为：止类以行之，说在同. 参见：雷一东编者. 墨经校解[M]. 济南：齐鲁出版社，2006.
② 原文为：物无非彼，物无非是. ……彼出于是，是亦由彼，彼是方生之所也. ……彼亦一是非，此亦一是非. 果且有彼是乎哉？果且无彼是乎哉？彼是莫得其偶，谓之道枢.

这样,庄子就把"彼此"和"是非"分辨得非常清楚.我想强调的是,庄子所说的在分辨"彼此"的基础上再分辨"是非"是有道理的,就像我们曾经说过的那样,在大的范围内分辨不清楚的事物在小的、具有某种共性的范围内就可能分辨清楚.庄子信奉老子的道,因此,在那段话的最后寻求道的境界也是自然的.

可是,关于是非的问题庄子的述说是自相矛盾的.这一节开始部分我们引用了庄子关于"辩无胜"的说法,可是,如果讨论的是一个命题,即一个关于是非的判断,那么必然有一方是胜的,正如《墨经》经下 37 所说:俱无胜,是不辩也;辩也者,或谓之是,或谓之非,当者胜也.这样,墨子不仅很清晰地解释了命题的实质,也说出了形式逻辑中三个基本定律之一的矛盾律的核心:一个命题的"是"与"非"不能同时成立.

对于"同"和"异"之间的关系,墨子还有更为明确的论述[①]:同和异是相辅相成的,就像有和无一样.在《墨经》经上 88 中还对"异"划分了等级[②]:

异可以分为四等:二、不体、不合、不类.完全不同的异为二;无隶属关系的异为不体;不处同一空间的异为不合;无共性的异为不类.

这与上文中所阐述的"同"是对应的.精神与物质是完全对立的,为二;不同国籍的人无隶属关系,为不体;甲和乙不在一个公司上班,为不合;人与岩石无共性,为不类.

这样,先哲们从同和异、彼和此的关系,把分类已经阐述得清清楚

---

① 见《墨经》经上 89,原文为:同异交得放有无.
② 原文为:异:二、不体、不合、不类.二必异,二也;不连属,不体也;不同所,不合也;不有同,不类也.

楚了. 那么, 分类所依赖的基本思维方式是什么呢? 进一步, 在分类的基础上如何进行推理的呢?

§A5　分类的思维基础: 归纳和类比

首先, 我们描述一下通常所说的归纳, 也就是在序言中我们引用爱因斯坦的那段话中所提到的西方文艺复兴以后所倡导的归纳[①]: 如果发现一个集合的内部的元素都具有某个性质, 于是推测这个类中的元素都具有这一性质[②]. 比如牛顿发现万有引力, 牛顿很早就知道潮汐现象是因为月亮的引力, 但他并没有归纳出万有引力, 后来一个苹果掉到他的头上, 引发他思考是不是所有的物体都具有引力呢? 于是他得到了万有引力的结论, 并且给出了计算两个物体之间引力大小的公式, 牛顿的这个思维模式就是归纳.

可以看到, 上面所说的归纳必须先存在一个集合, 然后在这个集合的基础上使用归纳的方法. 事实上, 这种归纳方法对于处理"物与物"之间的关系是合适的, 但对于处理"人与人"之间的关系就不充分了. 因为对于人世间的许多错综复杂的事物, 分类本身都是非常困难的, 何况要在一个已经确定了的类中进行判断和推理. 因此, 对于人世间的许多事物在构建类的过程中就可能要用到归纳, 也就是说, 这时的归纳并不局限于分类以后, 也可以使用于分类的过程. 这可能就是《墨经·小取》中

---

① 这是从培根 (F. Bacon, 1561~1624) 开始的.
② 对于数学, 数论中的猜想几乎都来源于这种归纳, 比如哥德巴赫猜想: 因为 $4=1+3, 6=1+5, 8=3+5, 10=3+7, \cdots$, 于是猜想所有的偶数都可以表示为两个素数的和, 其中素数是指只能被 1 和自己整除的数. 至今为止, 对于每一个具体的偶数, 计算机验证这个猜想都是正确的, 但人们还不能给出一个一般性的证明.

所说的"效"或者说"效法".我们称包括"构建类"在内的归纳方法为**广义归纳**①.这样,西方所说的归纳的核心是:把一些具体的特性推广到更大的范围甚至推广到一般,其中所说的更大的范围是确定的.我们现在所说的广义归纳不仅如此,也包括这样一种思维过程:凭借经验和直观先得到一个大概的类,然后在这个大概的类中寻找"同",最后根据"同"进行更准确的分类,很可能这个"类"最终也是不确定的.我想,扩大归纳方法的外延对于分析中国的方法论是必要的,因为,西方所说的归纳方法主要是针对自然科学,强调的是从类中归纳出性质,从而得到命题,比如一些猜想.而中国所说的思维方法主要是针对人文科学,因为问题错综复杂,所以要强调借助性质归纳出类,从而得到这个类与其他的类之间的区别.这正符合我们曾经说过的,西方哲学强调具体与一般的关系,中国哲学强调类与类之间的关系.

进一步分析先哲们的思考.为了阐述的连贯,我们把《墨经》经下2、经下7和经下78连在一起表述如下②:

分类的难点在于判断类的大小.比如讨论四条腿的动物,可以涉及牲畜,可以涉及鸟,还可以涉及物以及其他,有的类就大了,有的类就小了.……不同的类是不能比的,因为量纲不同,比如,如何比较木头与黑夜哪一个更长?

认为仁和义有内外之分是不对的,因为这违背了分类的原则.仁是爱人,义是利人.无论是爱人还是利人都是"内",只有获爱者和获利者

---

① 穆勒(J. Mill,1806~1873)在《逻辑体系》中说:归纳法是从发生了某种现象的个别事例,推断与之类似的某类事物的所有事例也将发生这种现象.我们所说的广义归纳与胡适分析中国古代的归纳法有很大区别,参见《先秦名学史》第四章.
② 原文为:"推类之难,说在大小.谓四足兽,与生、鸟;与物,尽与.大小也.""异类不比,说在量.木与夜孰长?""仁义之为外内也,䛩.说在仵类.仁,爱也.义,利也.爱利,此也;所爱所利,彼也.爱利不相为内外;所爱利亦不相为内外."

才是"外". 因此,爱人与利人之间无内外,获爱者和获利者之间也无内外.

在上面的叙述中,一方面可以看到,先哲们在进行分类的过程中用到了归纳的方法,也就是我们所说的广义归纳;另一方面可以看到,对于人世间问题的分类是需要特别仔细的.

最有说服力的还是中医理论. 为了进一步说明这个问题,我们分析东汉张仲景(约 150～219)的《伤寒论》. 张仲景生平不详,正史无传,传说当过长沙太守.《伤寒论》这部书不仅为诊治外感疾病提出了辨证纲领和治疗方法,也为中医临床提供了辨证论治的原则,从而奠定了辨证论治的基础,被后世医家奉为经典.《伤寒论》的一个显著特征是把病症由浅入深归纳为六经,即太阳、阳明、少阳、太阴、厥阴、少阴六种,事实上就是病症的六个大类[①];还把疾病属性归纳为八纲,即阴阳、表里、寒热、虚实. 以六经为统领,与患者的症候所属的类组合,就可以进行辨证,进而论治. 据说张仲景曾经苦读《黄帝内经》,"伤寒"一词可能出于《素问》:夫热病者,皆伤寒之类也. 这样就可以推断《伤寒论》的渊源是战国时期的医学著作《黄帝内经》,而《黄帝内经》又相传是始于黄帝时期的治病和养生的方法,这样《伤寒论》的医疗理论和 397 法、113 种处方至少是基于一千年以上中医临床经验的结果. 更有说服力的是《伤寒论》中提到的经穴,针灸是中医的一种十分有效的治疗方法,针灸必须针对经穴,可是至今为止人们仍然解释不清楚什么是经穴,甚至解释不清楚经穴是如何存在的. 因此可以推断,在那个时代只能凭借经验判定经穴,然后用归纳的方法把经穴归类,用于治疗.

从古代开始,先是阴阳,然后是阴阳五行之说在中国广为流行,上

---

① 比如,太阳包括脉浮、头痛、发热、恶寒等症.

附 录　中国古代的命题、定义和推理

至皇帝,下至黎民,无论是动物还是行事,往往都把阴阳五行中的述说作为准则,进行"是非判断"或者"是否判定".春秋战国时期的主要阴阳家是邹衍①,而他分析问题的方法就是归纳,因为《史记·孟子荀卿列传》中说他:"必先验小物,推而大之,至于无垠.据说."②邹衍曾把这种方法用于推演王朝的更迭:土德王的黄帝被木德王的夏"克",后者被金德王的商"克",后者又被火德王的周"克",而后者将被水德王的朝代所"克",周而复始.据《史记·秦始皇本纪》记载,为了对应这个原则,秦始皇曾将黄河改名为"德水".到了汉代以后,阴阳五行的学说更是流行,甚至影响到今天.在这里,我们不想更多地讨论阴阳五行的问题,我想说的是,就思想方法而言,邹衍讨论问题的方法与西方文艺复兴以后所倡导的归纳方法是一致的,当然邹衍并没有对这种思想方法本身进行归纳.

还有一种与归纳关系非常密切的也是建立在类的基础之上的思维过程叫做类比,我们先描述通常所说的也就是西方文艺复兴以后所倡导的类比:对于甲、乙两个类,乙类中的事物与甲类中的事物有一些共性,如果发现甲类中的事物具有某种性质,就可以推测乙类中的事物也具有这种性质③.比如毛泽东在《反对本本主义》中强调要调查研究,他在许多场合强调要学会解剖麻雀,因为"麻雀虽小,肝胆俱全".他的意思是说,如果甲、乙两地的情况差不多,那么在甲地发现的规律性的东

---

① 邹衍,齐人.据说做过燕昭王师,死于长平之战以后.他的著作有十余万言,可惜大部分失掉,现在所留传的有"大九州说"和"五德终始说".
② 参见:冯友兰著.中国哲学简史[M].赵复三译.天津:天津社会科学院出版社,2007:118～120.
③ 几何学中的许多猜想都来源于类比,如庞加莱猜想:因为把三维空间中球的表面上任意一个封闭的曲线逐渐收缩,最后能够归于一点,于是猜想,四维空间中的球也具有这个性质.因为就我们的感官而言,在现实世界中并不存在四维空间,于是人们就模仿三维空间的情况,定义了四维空间的球.在2005年,人们证明了这个猜想.

西可以用来推测在乙或者更广的范围内也可能成立,毛泽东的这个思维模式就是类比.这种思维模式在中国古代是广为采纳的,比如《老子》第八章用"上善若水"来解释"善"[①]:

> 最高的善如同水.水帮助万物而不与万物相争,可以静静地停留在别人不喜欢的地方,所以水最接近于道.具有最高善的人要像水那样安于低下、心如渊深、待人则仁、出言则信、行政则治、办事则无所不能、处事则待机而动.因为不争,所以无忧.

我们知道,老子这种艺术的论理方法对中国的影响是巨大的.

与归纳类似,中国古代使用的类比与上面描述的类比也是有所区别的.西方倡导的类比首先要求两个类是存在的,并且对其中一个类的特性是清楚的,然后推测另一个类也具有这个特性;而中国古代则可以把类比用于分类的过程,也就是说最初大概知道有两个类,而在这两个类的比较过程中逐渐归纳出特性,甚至不进行比较就表述不清楚这些特性.当然,这也是为了描述人文科学的需要,这可能就是《墨经·小取》中所说的"援"或者说"援引".我们来分析老子关于"上善若水"的解释.首先,老子建立了一个命题:水最接近于道.我们曾经说过,道是讨论问题的出发点,因此最接近于道就是好的,也就是说,像水那样就是好的.如果遵循通常所说的类比思路,应当先讨论出水的特性,然后类比于人.可是在上文中,老子所说的特性完全是"上善之人"所应当具备的特性,当然,从中我们能够感悟到水也具备这些特性.这样,老子就在类比的过程中把两个类的共同的特性归纳出来了.如果我们仔细分析

---

① 原文为:上善若水.水善利万物而不争,处众人之所恶,故几于道.居善地、心善渊、与善仁、言善信、正善治、事善能、动善时.夫不争,故无尤.

附　录　中国古代的命题、定义和推理

中国古代的文献,许多论述都采用了这种方法.

必须强调的是,通常所说的那种类比方法在中国古代也是广为使用的,这种思维的方法被《墨经》经下 72 描述为[①]:

> 从一个类的已知可以扩展到两个类的已知,关键在于比较.……在描述事物时,应当用已知来推测未知,而不能用未知来猜测已知,这就好比用已知的尺来度量未知的长度.

进一步,《墨经》利用这种思维方式建立了动态的分类过程[②]:

> 在进行分类时,可以把事物归为一个大类,也可以分为若干小类,关键是依据统一的共性还是各自的特性.比如计算牛和马的数量,如果关注统一的共性,那么牛和马可以归为一类,称之为四条腿的动物,统一计数;如果关注各自的特性,那么牛和马就是两类,分别计数.

这样,凭借经验和直观,中国古代已经成熟地掌握了分类的方法.从上面的分析也可以看到,先哲们在分类的过程中使用了归纳的方法和类比的方法,并且是动态地使用了这些方法.恰恰是因为这种动态的方法,针对个人修养或者人文科学的许多问题,分类之后判断也就自然而然地形成了,比如,如果认为某一个人的作为可以归于"仁"的类,那么,这个人本身就已经得到了肯定.因此我想,在(2)中"以类取、以类与"说的大概就是这个意思.那么,判断的标准是什么呢?

---

① 原文为:闻所不知若所知,则两知之,说在告.……夫名,以所明正所不知,不以所不知疑所明,若以尺度所不知长.
② 见《墨经》经下 13,原文为:区物:一、体也.说在俱一、惟是.俱一,若牛马四足.惟是,当牛、马.数牛、数马,则牛马二.数牛马,则牛马一.

§A6 基于分类的论理准则：正名和中庸

众所周知，儒学对于中国思想文化的影响是巨大的，对中国的思维方式的影响也是巨大的. 那么，这个思维方式是什么呢？我们已经讨论，先哲们思维的习惯是把错综复杂的问题归类，然后从出发点开始分类研究，这个出发点是道，也可能是仁. 如果这个立论是成立的，那么，我们只需要讨论基于分类的思维方法，或者说基于分类的论理准则. 我想，这个论理准则首先是：正名. 在《论语·子路》中记载，子路问孔子："如果卫君请先生治理国家，先生首先做什么？"孔子回答得非常简捷："正名."然后说出了下面一段几乎是人人皆知的理由：

名不正，则言不顺；言不顺，则事不成；事不成，则礼乐不兴；礼乐不兴，则刑罚不中；刑罚不中，则民无所错手足. 故君子名之必可言也，言之必可行也.

那么，孔子其中所说的"正名"是什么意思呢？我们在第三节讨论过，在中国古代"名"是指定义中的谓词，也就是共相. 按照一般的逻辑规范，"名"是从"物"中抽象出来的，也就是说，共相是从许多殊相中抽象出来的具有共性的东西，因此，必然是先有物或者殊相. 但是我想，在中国古代并不是这样的，而是遵循着一个几乎相反的逻辑思路：先给出一个出发点，然后根据分类指出这个出发点在这个类中的名是什么. 然后"正名"：要求这个类的元素都达到名的述说，如果达不到，就是可以被划入

附　录　　中国古代的命题、定义和推理

"另类". 我想强调的是, 这个思维过程对于人文科学是可以理解的, 甚至可能是非常有效的. 比如, 孔子在《论语·季氏》中说:

> 天下有道, 则礼乐征伐自天子出; 天下无道, 则礼乐征伐自诸侯出.

在这个命题中, 出发点是"道", 讨论的"类"是关于制作礼乐和发动战争的权利, "名"是权利出自天子. 那么, 孔子的"正名"就是要求凡是涉及"制作礼乐和发动战争的权利"的事情, 必须按照名的述说"出自天子", 否则就是没有正名, 就是无道. 因此, 孔子的"正名"是要求实符合名, 也就是不能有名无实. 可以看到, 在《论语》中基本采用的是这样的论理方法. 再比如"仁"是孔子的出发点, 虽然孔子并没有给出仁的一般定义, 但对于"个人作为"这个类中的仁,《论语·学而》中以孔子的学生有子之口说:

> 其为人也孝弟, 而好犯上者, 鲜矣; 不好犯上, 而好作乱者, 未之有也. 君子务本, 本立而道生. 孝弟也者, 其为仁之本与!

或许, 上面的论述就是中国古代的有些朝代"以孝治天下"的根基. 其中, 孝是指孝敬父母, "弟"同"悌"是指尊敬兄长. 这段文字是典型的"类"内部的推理, 推理得到结论是孝弟是仁之本, 但这个本只是针对"个人作为"这个类而言的. 因为, 颜回问孔子什么是仁时, 孔子回答: "克己复礼为仁; 一日克己复礼, 天下归仁焉." 我想, 孔子这时所谈的仁是针对"众人作为"这个类而言的. 进一步, 当子贡问: "如有博施于民而能济众, 何如? 可谓仁乎?"孔子回答: "何事于仁, 必也圣乎! 夫仁者, 己欲立而立人, 己欲达而达人."显然, 这是孔子对"施政作为"这个类所

说的仁.这样,作为出发点而模糊不清的"仁",一旦成为具体类的"名"的时候,就可以表达清楚了.正因为"仁"是不需要述说、不需要争辩的出发点,就可以通过"正名"的方式来要求这个类中的"物"必须符合"名".我想,这可能就是儒学论理的基本方式.

在"道"和"仁"的基础上,孟子又提出了"人性善"这个出发点.虽然孟子强调人性善,但他更强调保持这个善是需要教育的,其中重要的是伦理道德论的教育.关于伦理,孟子在《孟子·滕文公上》中解释道:

父子有亲,君臣有礼,夫妻有别,长幼有叙,朋友有信.

这就是孟子所说的善在"人间伦理"这个类中的"名",并且认为做到了就符合伦理,否则无伦理.因为,孟子认真地论述了把"善"作为出发点的理由,他在《孟子·公孙丑上》中说:

人皆有不忍之心.……由是观之,无恻隐之心,非人也;无羞恶之心,非人也;无辞让之心,非人也;无是非之心,非人也.恻隐之心,仁之端也;羞恶之心,义之端也;辞让之心,礼之端也;是非之心,智之端也.

孟子的论述是斩钉截铁的.孟子称其中的仁、义、礼、智为"四端",到了汉代又被儒家后学加上信,成为"五常",意味着这些是人应当具备的、不变的五种德性.我想,这五常对中国的影响是巨大的,这五常是作为先哲们的子孙不能抛弃的民族精神.但是,正如老子所说的,如果一个出发点是可以述说的,那么这个出发点就是具体的.显然,一个具体的出发点是可以争辩的.

同样作为儒学先哲的荀子提出的出发点是"人性恶",这是一个非常大胆的说法,现代生物学的研究表明,这个说法可能是有道理的,因为人类 DNA 携带的信息本身可能就是"自私"的[①]. 事实上,无论孟子的论述,还是荀子的论述,都是基于"道"和"仁",因此在本质上是一致的. 与孟子不同的是,荀子的性恶论强调:人必须经过努力才能达到仁,感悟道. 他在《荀子·性恶》中说:

> 令人之性恶,必将待师法然后正,得礼义然后治.

同孟子一样,荀子的出发点是具体的,因此是可以争辩的. 很显然,依据荀子"人性恶"的观点则更要强化"正名"的作用. 荀子下面的一段话说出了"正名"的真谛[②]:

> 圣王制名,是为了用名的定义来辨别事物,用名的道理来统一意志,……如今没有了圣王,人们懈怠了对名的遵守,于是奇谈出现、名实混淆、是非不辨,……如果有了新的圣王,一定会沿用旧名,制作新名.……所以明智的人为了分别事物,制定名来表示实,于是上可以明确贵贱,下可以辨别同异. 明确了贵贱、辨别了同异,就不会因为话语不同而不能沟通,也不会因为表达不明而事不能成,这就是之所以要有名的理由.

总结孔子、孟子和荀子所说的名,我们知道他们所说的名是具体的

[①] 参见:[英]史蒂文·琼斯著. 达尔文的幽灵[M]. 李若溪译. 北京:中国社会科学出版社,2004.
[②] 原文为:故王者之制名,名定而实辨,道行而志通,…… 今圣王没,名守慢,奇辞起,名实乱,是非之形不明,…… 若有王者起,必将有循于旧名,有作于新名. 故知者为之分别,制名以指实,上以明贵贱,下以辨同异. 贵贱明,同异别,如是则志无不喻之患,事无困废之祸,此所为有名也.

名,是一类事物的名.虽然他们说这个名是圣王制定的,事实上,还是他们制定的.是他们凭借经验和直观①,归纳他们所认为的圣王的作为,为各类事物而制作的.因此,名这个共相是但并不完全是从这个类中的殊相中抽象出来的,他们所说的名还同时起到了对于类中事物的"是否判断"和"是非评价"的作用,那么,先哲们所说的"正名"就是对类中事物的要求,这与我们曾经分析的是一致的.

除了正名之外,我想,先哲们基于分类进行论理至少还有一个准则,这便是中庸.从字面解释,中就是恰到好处,庸就是普通平常.我们在第一节中谈到的宋朱熹编撰的"四书"中有一本的书名就是"中庸",这本书的前半部分主要论述中庸之道,记载了许多孔子的话,其中谈道②:

君子中庸,小人反中庸.君子之所以能够中庸,是因为做事总是适中;小人之所以反中庸,是因为做事无所忌惮.……我知道中庸之道不能实行的原因:智者认识过了头,愚者认识不到位.我也知道中庸之道不能彰显的原因:贤者做事过分,不肖者做事不及.……把握好过分与不及的两端,用中庸之道来治理百姓,这就是舜之所以成为舜的原因.

这段话清晰地表达了中庸之道的核心.从上面的论述可以知道,中庸是针对一类事物而言的,不同类事物有不同类事物的中庸标准,这正如朱熹在《朱子语类》卷第六十三中解释《中庸》时所说:"事事物物上各有个

---

① 《荀子·正名》中详细说明:然则何缘而以同异?曰:缘天官.凡同类、同情者,其天官之意物也同,故比方之疑似而通,是所以共其约名以相期也.

② 原文为:君子中庸,小人反中庸.君子之中庸也,君子而时中;小人反中庸也,小人而物忌惮也.……道之不行也,我知之矣:知者过之,不肖者不及也.……执其两端,用其中于民,其斯以为舜乎!

附　录　中国古代的命题、定义和推理

自然道理,便是中庸."因此,通过中庸在某一类事物中得到了位于中间的参照标准,那么,这个标准就可以作为对这类事物是否或者是非的基本判断标准:超过了这个标准就是过分;低于这个标准就是不及.事实上,几乎同时代的亚里士多德也有类似的说法,他《尼各马科伦理学》中说[①]:

> 由此可以断言,过度和不及都属于恶,中庸才是美德.……中庸是最高的善和极端的美.

这样,至少是儒学的先哲们就从出发点开始,通过正名和中庸,在类的基础上建立了判断准则,因而建立了推理准则.这种思维方式对中国的影响是深远的,几乎渗透到了民族的基因之中,在社会生活中,我们思考或者判断一件事物的时候,自然而然地会想到类,想到这个类的名,想到这个名下的规范.虽然我们说过,思维方式本身是因人而异的,但人是社会的人,社会生活中无形的契约会迫使人遵循那些约定俗成的东西,包括对事物的判断和推理.

可以看到,我们称为艺术的思维方式是非常人文的,对于处理错综复杂的社会问题也是行之有效的,但是,仅仅依赖这种思维方式显然是不够的,因为现代社会的许多事情必须逐渐走向确定性,因此,近代中国大量地吸收了我们称之为科学的思维方式是必要的,也是有效的.我在这里特别想说的是,这两种分别被我们称为科学的和艺术的思维方式是各有所长的,对任何一个都不应当武断地排斥,而是应当把两者有

---

① 参见:[古希腊]亚里士多德著.尼各马科伦理学[M].苗力田译.北京:中国人民大学出版社,2003:1106~1107.

机地结合.

　　最后,我想再谈一下分类的思想方法.在现代社会,随着科学技术的飞速发展,无论是在自然科学还是在社会科学都遇到了新的难题,就是要处理大量的信息,人们称为海量数据.因为海量数据的复杂性,很难用一个统一的模型来进行刻画,于是人们就想到了利用特性对数据分类,在分类的基础上进行分析.因此,在未来的方法论中,分类的思想将可能越来越重要,也就是说,我们不仅要关心具体与一般之间的共性与差异,也将关心类与类之间的共性与差异.

人名索引

注:按照名字第一个字母出现的前后排序排列,中国人按照姓名的汉语拼音顺序排列.

A.

Archimedes,阿基米德,约前287~约前212,古希腊数学家、物理学家、发明家 ……… 165
Aristotle,亚里士多德,前384~前322,古希腊哲学家和科学家 ……………………… 39

B.

Bacon,Francis,培根,1561~1626,英国哲学家、科学家 ……………………………… 53
Borel,E.,鲍莱尔,1871~1956,法国数学家 ……………………………………………… 149
Beck,L.,贝克,? ~1931,锡兰哲学家 …………………………………………………… 14
Boole.George,布尔,1815~1864,英国数学家及逻辑学家 …………………………… 176

C.

Cantor,康托,1845~1918,德国数学家、集合论的创始人 …………………………… 127
Courant, R. ,柯朗,1888~1972,德裔美国数学家、数学教育家 ……………………… 83
Cohen,p. ,科恩,1934~ ,美国数学家 ………………………………………………… 150

D.

Dedekind,戴德金,1831~1916,德国数学家 …………………………………………… 155
Descartes,Rene 笛卡儿,1596~1650,法国哲学家、物理学家、数学家、生理学家 ……… 3
DeMorgan,A. ,德·摩根,1806~1871,英国数学家、逻辑学家 ………………………… 187

E.

Engels,Friedrich,恩格斯,1820~1895,德国社会主义理论家及作家 ………………… 9
Einstein, Albert,爱因斯坦,1879~1955,德裔美国科学家 …………………………… 6
Euclid of Alexandria,欧几里得,约前330~约前275,古希腊数学家 ………………… 15
Euler,Leonhard,欧拉,1707~1783,瑞士数学家、天文学家、物理学家 ……………… 153

F.

Frankel, Adolf Abraham Halevi, 弗兰克尔, 1891~1965, 德国数学家 …………… 42

G.

Galilei, Galileo, 伽利略, 1564~1642, 意大利物理学家、天文学家和哲学家 …… 70
Gauss, Johann Carl Friedrich, 高斯, 1777~1855, 德国数学家 ………………… 85
Godel, Kurt, 哥德尔, 1906~1976, 美籍奥地利数学家、逻辑学家 ……………… 20
Goldbach, C., 哥德巴赫, 1690~1764, 德国数学家 …………………………… 56

H.

Hamilton, W. R., 哈密顿, 1805~1865, 英国数学家、物理学家、力学家 ……… 49
Hilbert, David, 希尔伯特, 1862~1943, 德国数学家 …………………………… 20
华罗庚, 1910~1985, 中国数学家 ………………………………………………… 114
Hausdorff, F., 豪斯多夫, 1868~1942, 德国数学家 …………………………… 156

K.

Kant, Immanuel, 康德, 1724~1804, 德国哲学家 ……………………………… 219
孔子, 公元前551年~公元前479年, 中国春秋战国时期鲁国人, 大思想家、教育家 …… 206

L.

Lebesgue, H., 勒贝格, 1875~1941, 法国数学家 ……………………………… 144
Leibniz, G. W., 莱布尼茨, 1646~1716, 德国近代哲学的始祖, 数学家 ……… 173
Locke, J., 洛克, 1632~1704, 英国哲学家 ……………………………………… 173
Lobatchevsky, 罗巴切夫斯基, 1793~1856, 俄国数学家 ……………………… 38
老子, 传说前600年左右~前470年左右, 姓李名耳, 春秋时期思想家 ………… 206
鲁迅, 1881~1936, 中国现代的文学家和思想家 ……………………………… 66

M.

孟子, 前372年~前289年, 名轲, 山东邹城人, 中国古代伟大的思想家 ……… 211
墨子, 约公元前479年~前381年, 山东滕州人, 中国先秦墨家学派创始人 …… 216

N.

Newton, Isaac, 牛顿, 1643~1727, 英国伟大的数学家、物理学家 …………… 100
Neumann, J. von., 冯·诺依曼, 1903~1957, 美国数学家 ……………………… 104

人名索引

P.

Peano, Giuseppe, 皮亚诺, 1858～1932, 意大利数学家、逻辑学家 …… **189**

Plato, 柏拉图, 前 427～前 347, 古希腊哲学家 …… **203**

Proclus, 普罗克洛斯, 约 410～485, 希腊数学家、哲学家 …… **223**

Peirce, C., 皮尔斯, 1839～1914, 美国唯心主义哲学家, 实用主义的创始人 …… **188**

R.

Russell, Bertrand, 伯特兰·罗素, 1872～1970, 英国哲学家、数学家、社会学家 …… **26**

Riemann, 黎曼, 1826～1866, 德国数学家, 高斯的学生 …… **38**

S.

Socrates, 苏格拉底, 前 469～前 399, 古希腊哲学家 …… **210**

T.

Thales, 泰勒斯, 约公元前 624～公元前 547 或 546, 古希腊哲学家 …… **133**

V.

Viete, Francoi, 韦达, 1540～1603, 法国数学家 …… **92**

W.

Weierstrass, K., 魏尔斯特拉斯, 1815～1897, 德国数学家 …… **157**

Y.

杨振宁(1922～   ), 美藉华裔物理学家 …… **7**

Z.

庄子(约前 369 年～前 286 年), 战国时代宋国蒙人, 道家学派的代表人物 …… **217**

朱世杰, 1300 年前后, 我国元朝杰出的数学家 …… **90**

Zermelo, E., 策梅罗, 1871～1953, 德国数学家, 现代集合论的创始人之一 …… **127**